极速高营养早餐

专为忙碌妈妈设计的儿童早餐

萌婶儿———— 著

U0272682

北京科学技术出版社

图书在版编目（CIP）数据

极速高营养早餐 / 萌婶儿著 . —北京 : 北京科学技术出版社 , 2021.9
ISBN 978-7-5714-1677-5

Ⅰ . ①极… Ⅱ . ①萌… Ⅲ . ①食谱 Ⅳ . ① TS972.12

中国版本图书馆 CIP 数据核字 (2021) 第 142783 号

策划编辑：宋　晶
责任编辑：白　林
责任印刷：张　良
出 版 人：曾庆宇
出版发行：北京科学技术出版社
社　　址：北京西直门南大街 16 号
邮政编码：100035
电话传真：0086-10-66135495（总编室）
　　　　　0086-10-66113227（发行部）
网　　址：www.bkydw.cn
印　　刷：北京宝隆世纪印刷有限公司
开　　本：880 mm×1230 mm　1/32
印　　张：5.5
版　　次：2021 年 9 月第 1 版
印　　次：2021 年 9 月第 1 次印刷
ISBN 978-7-5714-1677-5

定　价：49.80 元

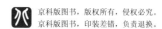

目录

极速魔法 2　洗洗切切就可以

极速魔法 3　饭菜一锅出

极速魔法 4 预约一碗热饮（粥）

极速魔法5 西式简餐也能有营养

different idea about toast

极速魔法 1

简单搞定餐桌上的营养主角

早餐应该吃点肉

很多人都知道给孩子做早餐应注重营养。但不少妈妈认为孩子刚起床时胃肠道还未完全"苏醒"，而肉类难以消化，故会让孩子在早上吃得清淡一些。即使是考虑到补充蛋白质，妈妈们也通常会选择在早餐时让孩子吃鸡蛋。

其实，孩子吃早餐时应该吃点肉。虽说鸡蛋和肉类都是富含蛋白质的食材，但两者还是不太一样，如鸡蛋中的铁的吸收率较低，而肉类中的铁的吸收率则要高得多。下面，你将学到一些适合在早餐时制作的简单易做的肉类料理。

猪肉类

猪肉是我们常吃的一种肉。很多妈妈都知道多种猪肉类料理的做法。在这里，我主要介绍两种快手做法。

鸡肉类

鸡肉脂肪含量低，且蛋白质含量高，非常适合孩子食用。书中的鸡肉类菜品选用的都是鸡腿，因为鸡腿肉肉质较嫩，口感更好。

牛羊肉类

牛羊肉纤维比较粗，不易嚼烂，很多孩子都不爱吃牛羊肉。本书中的牛羊肉类美食或选材讲究（如选用牛肉末或肥牛片），或做法独特（如做汤），都十分适合孩子食用。

海鲜类

海产品营养丰富，其所含的脂肪酸有利于儿童的大脑发育，是不可忽视的儿童健康食材。本书介绍的两道海鲜类菜品的最大特点是非常适合在时间紧张的早晨制作。

肥牛芦笋卷

芦笋含硒量较高，可与海鱼、海虾等媲美。芦笋口感清爽，与略带油腻的肥牛片搭配能很好地中和肥牛片的肥腻感。

用料

肥牛片 ....150 克

芦笋段 ....120 克

西红柿丁 .....130 克

洋葱丁 ....30 克

蒜末 ....10 克

蚝油 ....4 克

生抽 ....4 克

料酒 ....4 克

白砂糖 ....2 克

熟白芝麻 ......10 克

取两片解冻后的肥牛片叠放并铺平，取适量芦笋，放在肥牛片的右端。

将肥牛片从右向左卷起来，卷得紧一些。

蒜和洋葱热锅凉油下锅，炒至洋葱开始变透明，下西红柿。

下肥牛芦笋卷，煎至肥牛一面上色后翻面。两面都上色后将剩余的用料全部放入锅中，加热至汤汁浓稠。

小贴士

1. 我选用的是吃火锅时用的肥牛片，比较薄。你也可以选用适合烤着吃的略厚的肥牛片。

2. 收汁时要留一点汤汁，装盘后浇在肥牛芦笋卷上面。

肥牛番茄汤

　　肥牛片是我做早餐时常常用到的食材之一。它熟得快，口感细嫩，不需要复杂的烹饪方式，而且它与任何食材搭配都好吃。在这款汤中，我选择了西红柿作肥牛片的搭档，酸酸甜甜的西红柿让这道汤变得清爽开胃。

用料

肥牛片 ....100 克

西红柿丁 ......200 克

蒜末 ....10 克

番茄酱 ....10 克

葱花 ....15 克

生抽 ....5 克

蚝油 ....8 克

香油 ....3 克

水 ....550 克

1

肥牛片入沸水，焯至变色后立即捞出。

2

炒锅烧热，倒入少许油，将蒜放入锅中，炒香后下西红柿煸炒。

3

放入番茄酱，倒入 50 克水，继续加热，直至汤汁浓稠。

4

倒入剩余的水，大火煮开，加蚝油、生抽，下肥牛片。

5

再次煮开后将葱放入，并淋入香油。

小贴士

1. 蚝油和生抽中都有盐，所以做这款汤时基本不需要额外加盐。

2. 如果选用的西红柿成熟度高，可以不加番茄酱。

香煎牛仔骨

牛仔骨是牛的胸肋排，又叫牛小排。它外层的肉肉质细嫩，而靠近骨头的肉带着一些筋腱，有嚼劲，吃起来特别香。这道香煎牛仔骨很有营养，同时又十分简单，适合在繁忙的早晨制作。

用料

牛仔骨 .... 400 克

洋葱丝 .... 100 克

红彩椒块 ...... 60 克

黄彩椒块 ...... 30 克

照烧酱 .... 30 克

水 .... 60 克

1

平底锅烧热，倒少许油，用厨房纸巾吸干牛仔骨表面的水后将牛仔骨下锅煎。

2

煎约 50 秒后翻面，另一面也煎约 50 秒。

3

将牛仔骨盛出，用厨房剪刀剪成方便食用的小块。

4

将洋葱放入煎牛排的锅中，煸香后下牛仔骨，加水和照烧酱，炒匀。

5

加入彩椒，转中火，收好汁后炒匀出锅。

小贴士

1. 照烧酱中含有盐，所以这道菜无须再单独加盐。

2. 牛仔骨煎到七八分熟时口感比较嫩。如果煎久了，肉反而会变老，嚼不动。

香煎牛肉饼

　　牛肉很有营养，但其纤维比较粗。制作牛肉类菜肴要讲究火候，如果火候掌握不好，做出的牛肉就会很柴，孩子自然不爱吃。如何解决这个问题呢？做香煎牛肉饼就可以啊。这道菜使用的是牛肉馅，小朋友一定不会嚼不动。

用料

牛肉馅 . . . . 250 克
洋葱碎 . . . . 70 克
牛奶 . . . . 25 克
面包糠 . . . . 20 克
盐 . . . . 2 克
黑胡椒粉 . . . . 1 克
黄油 . . . . 10 克

1

炒锅中放入黄油,小火加热至黄油熔化后再将洋葱倒入锅中,炒至洋葱变透明。

2

牛肉馅中加入牛奶、面包糠、盐、黑胡椒粉和炒过的洋葱。

3

用筷子顺着一个方向把肉馅搅打至上劲,将肉馅四等分,分别搓圆,压成圆饼。

4

预热圆模煎盘,并刷油,放入牛肉饼。用硅胶铲按压,让肉饼更紧实。

5

不要频繁翻面,一面煎熟后翻面,煎至两面上色。

小贴士

1. 建议选择牛颈肉,其肥瘦相间,口感更好。喜欢纯瘦肉的话,可以选择牛腿肉。

2. 生牛肉饼可以用油纸隔开,并放入密封袋,冷冻保存。吃的时候提前拿出来解冻,再放进平底锅煎熟。

3. 煎肉饼时,我用的是多功能锅的圆模煎盘,也可以用平底锅在燃气灶上煎。煎肉饼时不要频繁翻面。

香煎羊排佐杂蔬

羊肉是冬季防寒温补的优选食材之一，但是很多孩子不喜欢羊肉的膻味。用煎的方法烹制羊排能很好地去掉羊肉的膻味。加了孜然粉之后，羊排更是鲜香无比。

用料

羊排 .... 3 个

土豆块 .... 200 克

洋葱丝 .... 80 克

小西红柿 ...... 适量

现磨黑胡椒 .... 少许

孜然粉 .... 少许

盐 .... 2.5 克

1

用厨房纸巾吸干羊排表面的水，在羊排上撒上 0.5 克盐、少许现磨黑胡椒，密封腌制一夜。

2

将土豆放入沸水中煮 5 分钟，捞出沥水。

3

平底锅大火烧热，放入羊排，转中小火，煎至出油时下洋葱和土豆，加剩余的盐。

4

煎至羊排一面焦黄时翻面，两面都上色即可装盘，撒孜然粉。

5

将小西红柿放入煎羊排的锅中，用余油将其煎至表皮裂开，再放入装有羊排的盘中。

小贴士

1. 煎羊排的要点：锅要够热，放入羊排后立即转中小火；煎的过程中不要频繁翻面；一面上色后，再翻过来煎另一面。

2. 羊排油脂含量较高，故煎的时候不需要放油。

豌豆肉饼汤

鲜嫩可口的肉饼汤做法简单，它口感香浓，却没有一丝油腻感。豌豆中 B 族维生素和膳食纤维含量都非常高，是一种适合当主食吃的蔬菜。

用料

猪里脊肉 ......100 克

玉米淀粉 ....5 克

姜茸 ....2 克

白胡椒粉 .... 少许

盐 ....2 克

豌豆 ....15 克

水 ....170 克

1

将猪里脊肉剁碎，放入玉米淀粉、姜、白胡椒粉、1 克盐，用手抓匀，摔打成圆球。

2

将圆球压扁，放入蒸碗，用手按压，使其薄一些。

3

沿碗边将水缓缓倒入。

4

豌豆也放入碗中，盖上碗盖，放入上汽的蒸锅，中火蒸 18 分钟，出锅前加 1 克盐调味。

猪肉饼

　　早餐让孩子吃炒肉片、炖肉块都太油腻了。你不妨试试煎猪肉饼吧，外焦里嫩，美味无比。

用料

猪肉馅 .... 200 克
姜末 .... 5 克
葱花 .... 30 克
鸡蛋 .... 1 个
盐 .... 2 克
黑胡椒粉 ...... 0.5 克

1

用料全部混合，用筷子顺着一个方向快速搅打 2 分钟，让食材充分混合。

2

取圆模煎盘，中火预热，刷食用油，肉馅放入圆模中，用锅铲压成肉饼。

3

不要着急给肉饼翻面，煎至一面上色后再翻面。

4

两面都煎至上色即可出锅。

照烧鸡腿

照烧味道的菜，没有孩子能够抗拒。现在市面上有现成的照烧酱可选择。制作这道菜时只需买来照烧酱，用其腌制鸡腿，再煎一煎就可以。这道菜不仅省时省事，更重要的是制作成功率很高，每一个妈妈都应该学会做这道菜。

用料

琵琶腿 ....2 个
姜蓉 ....5 克
料酒 ....6 克
照烧酱 ....20 克
水 ....20 克

1

将琵琶腿凉水浸泡 10 分钟后捞出沥水，用厨房剪刀沿着鸡腿骨将鸡腿肉从骨头上剥离。

2

用剪刀在去骨后的鸡腿肉表面剪几下，剪断肉筋，注意不要剪破鸡皮。

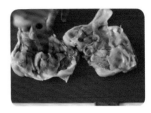

3

将鸡腿肉放入碗中，加姜、料酒，冷藏腌制 1 小时以上。

4

平底锅烧热后转小火，将鸡腿肉鸡皮朝下放入锅中，煎至一面上色，翻面煎至另一面也上色。

5

倒入照烧酱和水，加热至鸡腿肉均匀沾裹酱汁，且锅中汤汁快收干时关火。

小贴士

煎鸡腿肉时无须放油，不过，鸡腿入锅时一定要鸡皮朝下放置，这样会煎出油，如果出油多可用厨房纸巾吸走一部分油。煎鸡腿时全程用小火，每面各煎约 5 分钟。

酥香炸鸡腿

炸鸡是孩子们的最爱，然而很多妈妈都对其唯恐避之不及。其实，偶尔让孩子吃一次炸鸡也没什么。当然，为了孩子的身体健康，我建议大家在家自制炸鸡，这样至少能保证食材和用料的安全、营养。

用料

鸡全腿 ....1 个

炸鸡粉 ....30 克

鸡蛋 ....1 个

面包糠 ....30 克

料酒 ....4 克

生抽 ....3 克

盐 ....2 克

橄榄油 ....2 克

姜片 ....4 片

现磨黑胡椒 .....少许

1

鸡腿去骨取肉。鸡腿肉分成两块，修剪掉边角。鸡皮朝下，用剪刀在鸡肉表面剪几下，不要剪断鸡皮。

2

鸡腿肉加入料酒、生抽、盐、橄榄油、姜、现磨黑胡椒，抓匀，腌制 1 小时。

3

蛋液打散。鸡腿肉先蘸炸鸡粉，并抖落多余的粉；再依次蘸上蛋液和面包糠，并抖落多余的面包糠。

4

锅中倒入油，烧至六成热时放入鸡腿肉，小火炸至表皮微黄，捞出控油。

5

转大火，再次把鸡腿肉放入油锅，炸至表面金黄。

小贴士

1. 如果没有炸鸡粉，可以用 1：1 混合的中筋面粉和玉米粉来替代。

2. 取干净的筷子放入油中，筷子周边不断冒小泡泡，就说明油达到六成热了。

奥尔良鸡腿

这道菜比炸鸡腿和炖鸡腿都更省事、更简单，只需要腌一腌，再放入空气炸锅，定好温度和时间，剩下的就交给空气炸锅吧。

用料

琵琶腿 ....2 个
奥尔良烤肉料 ...18 克
水 ....15 克

鸡腿放入凉水中，浸泡 10 分钟，捞出沥干。

用厨房剪刀沿鸡腿骨将鸡腿肉剥离。

在去骨的鸡腿肉表面剪几刀，让肉平整一些。

奥尔良烤肉料中加水搅拌均匀，均匀涂在鸡腿肉上；将鸡腿肉冷藏腌制 1 小时以上。

鸡腿肉放入铺有锡纸的空气炸锅（鸡皮朝上），设定 200℃，8 分钟后翻面，再定时 8 分钟。

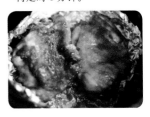

小贴士

　　如果想让做出的奥尔良鸡腿更有光泽，可以将腌过鸡腿肉的腌料汁与 1 克橄榄油混合，在加热过程中刷在鸡腿肉表面，鸡腿肉两面至少各刷两次料汁。

香煎鳕鱼

　　鳕鱼肉质鲜嫩且富含DHA，是广受妈妈们喜爱的热门食材之一。但市面上鳕鱼品质参差不齐，选购时一定要做足功课。选对了食材，就成功了90%了，接下来只要简单煎一煎就好了，这样最能突显鳕鱼的鲜美味道。

用料

鳕鱼 1块
　　　　　　（约200克）
柠檬片 1片
盐 ....少许
现磨黑胡椒 .....少许

1
将鳕鱼冲洗干净，用厨房纸巾吸干表面的水。

2
鳕鱼上撒少许盐，挤上少许柠檬汁，腌8~10分钟。

3
锅中倒少许油，开中火，放入鳕鱼，煎约3分钟，一面煎定型后再翻面。

4
再煎约3分钟，关火出锅，撒少许现磨黑胡椒调味。

芦笋炒虾仁

虾仁是冰箱里的常备食材。它热量低、营养价值高，还有助于增强人体免疫力。口感鲜嫩的虾仁和脆嫩的芦笋搭配在一起，真是色香味俱全啊。

用料

芦笋 .... 100 克
虾仁 .... 80 克
红彩椒块 ...... 38 克
黄彩椒块 ...... 38 克
盐 .... 2 克

1
芦笋削皮斜刀切成长约 5 厘米的段，虾仁解冻备用。

2
芦笋放入沸水中，焯 30 秒后捞出。

3
炒锅烧热，倒适量油，下虾仁煸炒至变色。

4
将芦笋、彩椒放入锅中，炒匀后加盐调味。

幸好冰箱里有鸡蛋

相信每家的厨房里都少不了鸡蛋，鸡蛋含有卵磷脂、维生素 A、维生素 D 以及人体必需的 8 种氨基酸，能很好地为孩子提供成长所需的营养，所以鸡蛋是很多妈妈给孩子做营养早餐时的必选食材。不过，大家通常就是炒鸡蛋、煎鸡蛋或者煮鸡蛋。其实，用鸡蛋做早餐有很多花样呢。以下是一些你不可不学的简单料理，赶紧学一学吧。

厚蛋烧

做厚蛋烧时，你可以根据孩子的喜好自由选择做成甜味或是咸味，亦可以任意添加多种食材。无论如何变化，它都会以金黄的外表、软嫩的口感温暖你的胃与心。

烘蛋

烘蛋其实就是煎蛋的进阶版，但是其口感比煎蛋好得多，更松软一些。此外，由于烘蛋上面会放一些蔬菜，其营养也更加丰富。

蛋卷

蛋卷中通常会加入各种蔬菜，所以蛋卷营养全面，能轻松满足孩子的营养需求。另外，煎蛋卷不需要翻面，蛋液入锅后立即晃动锅让其快速铺匀凝固即可。制作蛋卷耗时很短。总之，蛋卷非常适合在早晨制作。

小食

这是最简单的鸡蛋类料理。这道小食不需任何技巧和经验，新手也能一次就成功。

蒸蛋

蒸蛋是一款家常菜品。科学研究表明，从鸡蛋中所含营养的吸收率和消化率来看，煮和蒸是鸡蛋的最佳烹饪方法。

蛋饼

蛋饼是用新鲜鸡蛋、面粉、淀粉等混合制作而成的。口感润滑细嫩，营养丰富，孩子食用后不易上火，是儿童早餐的绝佳选择。

汤

这款汤好喝的秘诀在于有煎蛋的存在。锅够热才能煎出焦黄的蛋。汤中的菠菜可以换成萝卜丝、奶白菜、卷心菜等，味道都不错。

煎蛋饼

这是一款最多几分钟就能上桌的美味，既营养又好吃。我们还可以加入各种蔬菜，使其营养更加丰富，是妈妈必学的一款美食。

用料

鸡蛋 . . . . 3 个
中筋面粉 . . . . . . 170 克
水 . . . . 230 克
香葱碎 . . . . 30 克
盐 . . . . 少许

1

中筋面粉中加水，边加水边搅拌。拌匀后打入鸡蛋，加入香葱和盐，搅打至面糊细腻而无疙瘩。

2

平底锅烧热，倒入少许油，放入适量面糊，轻轻晃动锅，让面糊铺匀。

3

中小火，煎至蛋饼表面金黄后翻面，继续煎。

4

翻面后用锅铲将饼轻微掀起，再加少许油。

5

煎至另一面也上色后，关火出锅。

小贴士

1. 做这个饼时不要频繁翻面，因为饼比较厚，一定要待一面定型上色后再翻面。

2. 煎的过程中不要盖锅盖，不要用大火，一定要用中小火，避免出现表面煎煳而中间还没熟的问题。

3. 厨房新手可以先让面糊在锅里铺匀后再开火。

煎蛋饼延伸配方

蔬菜二重奏
双丝煎蛋饼
....

用料： 鸡蛋 3 个、中筋面粉 160 克、西葫芦丝 400 克、胡萝卜丝 50 克、盐 6 克

做法： 先要对西葫芦丝进行预处理，将西葫芦丝加盐拌匀，腌 5 分钟后将水挤出，挤出的水留在盆中，装西葫芦丝的盆中加入蛋液和中筋面粉，拌匀后将胡萝卜丝放入，再次拌匀，制成面糊。接下来按照第 27 页中的方法煎蛋饼即可。

有肉有菜的满足感
西蓝花火腿煎蛋饼
....

用料： 鸡蛋 2 个、中筋面粉 50 克、西蓝花 100 克、火腿肠碎 30 克、水 50 克、盐 1.5 克

做法： 先要对西蓝花和火腿肠进行预处理，将西蓝花用沸水焯 30 秒后立即过凉水并沥干。切碎沥干的西蓝花与蛋液、中筋面粉和水混合，拌匀。拌匀的面糊中放入火腿肠碎并加盐，再次拌匀。接下来按照第 27 页中的方法煎蛋饼即可。

口感层次丰富
卷心菜鸡蛋饼
....

用料： 鸡蛋 2 个、中筋面粉 40 克、卷心菜丝 90 克、盐 2 克

做法： 这款蛋饼的变化之处主要是食材，其做法与第 27 页中的煎蛋饼方法基本相同，都是先将所有食材混合并拌匀，制成面糊，再煎成蛋饼即可。

让煎蛋饼更有营养的创意搭配

煎蛋饼是家常面食，要说省事、简单的早餐，首选就是它了。它做法简单又好吃，难怪会如此受欢迎。

碰到家中食材储备不足的时候，两个鸡蛋、一把香葱就能解燃眉之急。如果想做得更有营养一些，还可以在煎蛋饼的面糊中加上各种蔬菜，这样煎蛋饼不仅更有营养，还更好吃了。

我们平时常用来添加在面糊中的蔬菜大致分 3 类。

只需洗洗切切

代表蔬菜：胡萝卜、黄瓜、卷心菜等。

第一类蔬菜只需洗洗切切就可以直接加入面糊中。这类蔬菜的特点是可以直接生吃或是易熟。它们被切成细丝后易入味，其鲜脆的口感能给蛋饼增添风味。

需要提前腌制

代表蔬菜：白菜、西葫芦等。

第二类是需要提前用盐腌制几分钟再与面糊混合的蔬菜。这类蔬菜在煎制时出水多，如果不提前用盐腌制的话，煎蛋饼的过程中就会出很多水，这样不仅会影响成品的形状、味道，还会导致营养流失。

需要焯水

代表蔬菜：菠菜、秋葵、西蓝花、香椿等。

第三种是需要经焯水处理的蔬菜。焯水不仅能去除这类蔬菜的生涩味，还能大大缩短煎制时间，使蔬菜中的营养成分得以更好地保留。而且，有些蔬菜先焯水再使用，会更安全且有益于健康。

厚蛋烧

可以根据孩子的口味，选择做成甜味或咸味。也可以通过添加各种蔬菜，变换出不同的风味。

用料

鸡蛋 ....4 个

牛奶 ....50 克

盐 ....1.5 克

1

鸡蛋打散后加入盐和牛奶，用打蛋器搅打均匀。

2

锅烧热后倒油，倒入 $\frac{1}{4}$ 蛋液，让蛋液铺匀，蛋液尚未完全凝固时将蛋皮卷起并用铲子按压，使其定型。

3

用厨房纸巾蘸油，擦一遍锅。再分 3 次倒入剩余蛋液，每一次都要让蛋液铺匀。

4

将蛋皮再次卷起，全部卷好后关火，用铲子再按压一下，使其定型。

厚蛋烧延伸配方

元气满满

菠菜厚蛋烧

用料： 鸡蛋 4 个、水 30 克、菠菜叶 120 克、盐 1.5 克

做法： 菠菜需要进行预处理，先将菠菜用沸水焯 30 秒，捞出后切碎。蛋液与水混合，搅打均匀，将菠菜碎和盐放入，再次搅匀。接下来按照上一页介绍的方法制作厚蛋烧即可。

拥有美丽内心

秋葵厚蛋烧

用料： 鸡蛋 3 个、牛奶 35 克、秋葵 2 个、盐 1 克

做法： 秋葵需要进行预处理，先将秋葵用沸水焯 30 秒，捞出后去蒂备用。蛋液、牛奶和盐混合后搅打均匀。按照上一页的方法制作厚蛋烧，不过制作这款厚蛋烧时需要在第一次卷蛋皮之前将秋葵放在蛋皮的一端，然后再开始卷。

双色鸡蛋卷

这又是一道既有蛋又有菜的美食，颜值也很高。孩子食欲不佳的时候就做这个鸡蛋卷试试吧。

用料

鸡蛋 . . . . 4 个
胡萝卜丁 . . . . . . 40 克
香葱碎 . . . . 20 克
盐 . . . . 1 克

1

将蛋清、蛋黄分离。蛋黄中加香葱和 0.5 克盐，蛋清中加胡萝卜和剩余的盐，分别搅打均匀。

2

平底锅烧热后转小火，锅中刷食用油，倒入搅打均匀的蛋黄，晃动锅，让蛋液铺匀。

3

蛋黄凝固后关火，将蛋饼卷起，置于锅中的一边。锅里再刷一层油，开小火，倒入蛋清。

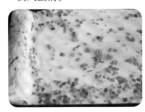

4

蛋清凝固后，从放有蛋黄卷这一端开始，再次将蛋饼卷起。

5

卷好后关火，用锅内余温煎蛋卷表面，用锅铲按压蛋卷，使其更方正。

小贴士

1. 煎蛋卷时不需要翻面，重点是先烧热锅，转小火后再倒入蛋液，然后立即晃动锅，让蛋液快速铺匀并凝固。

2. 如果熟练的话，第 3 步卷蛋卷时不需要关火。新手应严格遵照步骤，关火后再进行操作。

3. 油不要放太多，若使用的是不粘锅的话，刷一层油即可。如果没有油刷，可以用筷子夹着厨房纸巾把油涂匀，这样还能吸走多余的油。

蛋卷延伸配方

富含优质蛋白质

米饭肉松蛋卷

用料： 鸡蛋 1 个、玉米淀粉 3 克、水 8 克、米饭 90 克、肉松 10 克、沙拉酱 10 克、拌饭海苔 5 克、寿司海苔 1 片、盐少许

做法： 这款蛋卷中夹了米饭和肉松。制作时先要制作内馅：只需将米饭中加入肉松、沙拉酱、拌饭海苔后拌匀即可。然后再来调制蛋液，这里的蛋液要用到玉米淀粉：先向玉米淀粉中加水，搅匀后再与加盐的蛋液混合并再次搅匀。接下来按照上一页的方法将蛋皮煎好。煎好的蛋皮放在案板上，将寿司海苔剪成比蛋皮略小的方形，粗糙面朝上铺在蛋皮上，把拌好的内馅铺在海苔上，卷成蛋卷即可。

养脾健胃

芋泥蛋卷

用料： 鸡蛋 1 个、玉米淀粉 3 克、水 8 克、芋泥 150 克、寿司海苔 1 片

做法： 这也是一款有内馅的蛋卷，不过内馅是芋泥，可以买现成的。所以，这款蛋卷的做法其实很简单。首先，玉米淀粉中加水，搅匀后倒入蛋液中，再次搅匀后按照上一页的方法煎蛋皮。煎好的蛋皮出锅后放在案板上，寿司海苔剪成比蛋皮略小的方形，粗糙面朝上铺在蛋皮上，然后将芋泥铺在海苔上，卷起即可。

开胃解腻

土豆泥沙拉蛋卷

· ·

用料： 鸡蛋 1 个、玉米淀粉 3 克、水 8 克、土豆 110 克、黄瓜丁 12 克、胡萝卜丁 12 克、即食玉米粒 12 克、沙拉酱 6 克、番茄酱 10 克、海苔肉松 5 克

做法： 这也是一款有内馅的蛋卷，在煎蛋皮之前，先要制作充当内馅的土豆泥沙拉：土豆去皮切片蒸熟，趁热加入沙拉酱，压成土豆泥；再将黄瓜丁、胡萝卜丁、玉米粒倒进土豆泥中拌匀，土豆泥沙拉就做好了。接着就该做蛋皮了：先向玉米淀粉中加水，搅匀后再与蛋液混合并再次搅匀；然后，按照第 33 页的方法煎蛋皮。煎好的蛋皮出锅后放在案板上，把土豆泥沙拉均匀地铺在蛋皮上，卷起来之后表面挤上番茄酱、撒上海苔肉松即可。

香软可口

香蕉蛋卷

· ·

用料： 鸡蛋 1 个、玉米淀粉 3 克、水 8 克、香蕉 1 根、牛油果 $1/2$ 个

做法： 制作这款蛋卷时，先向玉米淀粉中加水，搅匀后再与蛋液混合并再次搅匀，接着按照第 33 页的方法煎蛋皮。煎好的蛋皮出锅后放在案板上，将牛油果压成泥，涂抹在蛋皮上，再放上去皮的香蕉，最后用蛋皮把香蕉卷起即可。

鸡蛋羹

　　鸡蛋羹是妈妈们都会的一道美食。蒸的烹饪方式更有利于身体对鸡蛋中营养的吸收。妈妈们可以多做这道菜品给孩子。

用料

鸡蛋 ....2 个

温水 ....220 毫升

(约 35℃)

盐 ....少许

生抽 ....3 克

香油 ....1 克

1

将鸡蛋打入碗中，放入少许盐，一边加温水，一边搅打均匀。

2

用勺子仔细地将蛋液表面的浮沫撇掉。

3

把蛋液倒入大小合适的蒸碗，盖上碗盖，放入上汽的蒸锅。

4

中小火蒸 7 分钟，关火后焖 5 分钟即可出锅。

5

出锅后用不锈钢勺子或餐刀在蛋羹表面划出纹路，淋上生抽和香油。

小贴士

1. 蛋液中加少许盐能加速蛋液凝固，做出表面光滑、有布丁般口感的鸡蛋羹。

2. 我用的鸡蛋每个约重 65 克。如果你用的是柴鸡蛋或鸡蛋重量小于 55 克，建议减少水量。

3. 如果你用的碗没有配套的碗盖，可以在碗上盖一个盘子或是盖保鲜膜，这样做能防止蒸锅里水蒸气形成的水滴落在蛋羹里。

鸡蛋羹延伸配方

鲜美无比
花蛤蒸蛋

用料： 鸡蛋 2 个、温水 200 毫升、花蛤 20 个、葱花少许、盐少许、生抽 1 克、香油 2 克

做法： 制作这款蛋羹时，需要先将花蛤放入沸水中，煮至开口，然后立即捞出放入深盘。花蛤入盘之后，将蛋液、温水和盐混合，搅打均匀，也倒入盘中。将盛有蛋液的深盘盖上盘子，放入上汽的蒸锅，按照上一页的方法蒸蛋羹，出锅后淋上生抽和香油，撒上葱花即可。

肉香浓郁
肉末蒸蛋羹

用料： 鸡蛋 2 个、温水 200 毫升、盐少许、猪肉馅 50 克、生抽 3 克、葱花少许

做法： 这款蛋羹的主要变化在于蛋羹上面放了炒过的肉末，原本清淡的蛋羹一下子就变得肉香浓郁了。做法很简单，先将蛋液、温水和盐混合，搅打均匀后按照上一页介绍的方法制作蒸蛋羹。将蛋液放入蒸锅之后，开始炒肉末；炒锅烧热后倒入少许食用油，放入猪肉馅，小火翻炒至肉变色后加生抽、少许水，继续煸炒 2~3 分钟，关火撒葱花。待蛋羹出锅后淋上生抽，放上炒好的肉末即可。

南瓜蒸蛋

用料： 鸡蛋1个、贝贝南瓜1个、盐少许、温水90毫升

做法： 这款蛋羹的最大变化在于它是用贝贝南瓜充当容器的。制作时，先将贝贝南瓜放入上汽的蒸锅，中小火蒸约8分钟，然后在贝贝南瓜顶部切个开口，挖出南瓜籽，制成南瓜碗。加盐和温水调好蛋液，倒入南瓜碗，放入上汽的蒸锅，蒸约7分钟后关火，接着再焖5分钟即可。

虾仁豆腐鸡蛋羹

用料： 鸡蛋1个、温水90毫升、玉子豆腐80克、虾仁36克、盐少许、生抽1.5克、香油1克、葱花少许

做法： 制作这款鸡蛋羹，同样要先将玉子豆腐和虾仁这两种配料先放入深盘，然后再将蛋液倒入。具体方法：玉子豆腐切成厚片，摆放在深盘里，再放入虾仁；加盐和温水调好蛋液，然后将蛋液倒入装有豆腐和虾仁的深盘中，按照第37页的方法蒸蛋羹，出锅后淋上生抽和香油，撒上葱花。

肉末时蔬烘蛋

　　这道菜是将鸡蛋与新鲜蔬菜搭配在一起，用烘的方式烹制而成的，是一道只要10分钟就能做好的营养美食。无论选择哪种蔬菜，做出的成品都很好看。

用料

猪梅花肉丁 .....80 克
菠菜段 ....80 毫升
口蘑片 ....60 克
洋葱丁 ....50 克
胡萝卜丁 ......30 克
鸡蛋 ....3 个
盐 ....3 克
黑胡椒粉 ....少许

1

炒锅烧热后转中火倒油，下肉丁。

2

炒至肉丁上色后下洋葱、胡萝卜和口蘑。

3

加盐炒约 1 分钟，至洋葱炒软，再下菠菜，炒匀后淋入提前打散的蛋液。

4

转小火，用筷子搅拌，让蛋液铺匀，摊成圆形蛋饼。

5

加热至蛋液全部凝固（无须翻面），撒少许黑胡椒粉，关火。

小贴士

1. 在放入鸡蛋之前加盐调味，能让盐更均匀，菜也更入味。

2. 梅花肉肥瘦相间，口感也很嫩，如果不喜吃肥肉可用里脊肉替代梅花肉。

3. 第 5 步时，若是有未凝固的蛋液，可以用筷子搅动一下，让未凝固的蛋液流动至更能接近锅底的部位，使其快速凝固。

4. 盛出时，用锅铲轻轻地铲起一侧的蛋饼，倾斜炒锅，用盘子接住，将蛋饼滑到盘子里即可。

烘蛋延伸配方

强身健脑
菌菇彩椒烘蛋

用料: 鸡蛋 2 个、蟹味菇段 30 克、红彩椒丝 15 克、黄彩椒丝 15 克、盐 1 克、欧芹碎少许

做法: 制作这款烘蛋时不需要先炒配菜。我们要先将加盐并打匀的蛋液热锅凉油下锅,小火加热至蛋液底部成型、表面尚未凝固时,将生的蟹味菇和彩椒撒上去,小火慢慢烘熟,出锅前撒少许欧芹。

富含维生素 C
芦笋番茄烘蛋

用料: 鸡蛋 2 个、芦笋段适量、小西红柿片 3 个、盐 1 克、芝士粉少许

做法: 这款烘蛋的配菜不需要先炒。不过,芦笋需要用沸水焯30 秒。接下来,先将加盐并打匀的蛋液热锅凉油下锅,小火慢烘,待底部蛋液成型、表面尚未凝固时,把芦笋和小西红柿撒上去,小火烘熟,出锅前撒少许芝士粉。

土豆瞬间变洋气
土豆烘蛋

用料: 鸡蛋 3 个、土豆块 60 克、培根碎 30 克、洋葱丁 20 克、盐 2 克、欧芹碎少许

做法: 这款烘蛋的配菜都需要先下锅炒一下。土豆、培根和洋葱要热锅凉油入锅,炒至土豆边缘变焦黄时转小火,将加盐并打匀的蛋液倒入锅中,小火慢烘待蛋液完全凝固后关火,盖上锅盖焖 2~3 分钟,出锅前撒少许欧芹。

营养全面
杂蔬芝士烘蛋

用料: 鸡蛋 2 个、卷心菜丝 40 克、口蘑片适量、马苏里拉芝士碎 30 克、番茄酱 15 克、盐 1 克

做法: 这款烘蛋的配菜同样需要先下锅翻炒。卷心菜和口蘑热锅凉油入锅,炒香后转小火,将加盐并打匀的蛋液倒入锅中,加热到蛋液凝固;表面撒上马苏里拉芝士,盖上锅盖,小火烘至芝士熔化,出锅前挤上番茄酱。

鸡蛋时蔬杯

这款美食简单易做，但营养非常丰富。除了鸡蛋、盐，以及煸炒配菜的油以外，其他用料可以随意替换。

用料

鸡蛋 ....3 个

豌豆 ....20 克

红彩椒块 ....15 克

黄彩椒块 ....15 克

胡萝卜丁 ....20 克

香菇丁 ....50 克

小油菜碎 ....40 克

虾仁丁 ....80 克

培根碎 ....50 克

盐 ....1 克

1

锅烧热后倒少量食用油，下豌豆、彩椒、胡萝卜、香菇、虾仁、培根，炒至虾仁变色后下小油菜炒匀，加盐调味，关火。

2

蛋液打散；炒好的蔬菜放入马芬蛋糕模具，装约 6 分满。

3

倒入蛋液，至模具约 9 分满。用牙签戳几下蔬菜，让蛋液流到杯底。

4

将模具放入预热好的烤箱（中间层），190℃，上下火，烤约 18 分钟。

蔬菜虾仁鸡蛋肠

　　这款美食不需要预处理食材，很省时。而且，与常见的蛋饼、烘蛋等鸡蛋类料理相比，这款鸡蛋肠更容易得到小朋友的青睐。

用料

鸡蛋 ....2 个

虾仁碎 ....40 克

香葱碎 ....10 克

胡萝卜碎 ......35 克

玉米淀粉 ......10 克

水 ....30 克

盐 ....1 克

1

蛋液打散，虾仁、胡萝卜和香葱混合均匀后放入蛋液中，加盐拌匀。

2

玉米淀粉中加水，调成水淀粉后倒入蛋液中，再次拌匀。

3

一边搅拌，一边将混合好的蛋液倒入模具中。

4

模具盖上盖，放入上汽的蒸锅，中火蒸 15 分钟。

煎蛋菠菜汤

这款汤好喝的关键是加了边缘焦黄的煎蛋。锅够热才能煎出边缘焦黄的蛋。汤中的菠菜还可以换成白萝卜、奶白菜、卷心菜等，味道都不错。

用料

菠菜 ....100 克

鸡蛋 ....2 个

生抽 ....6 克

盐 ....1 克

1

炒锅烧热后放入适量油，打入鸡蛋，中火煎至鸡蛋边缘有些焦黄。

2

翻面，继续煎。

3

锅中倒入适量清水，放入菠菜，加生抽。

4

盖上锅盖，焖煮约6分钟，关火加盐调味。

美式炒蛋

　　做这道菜时，蛋液中加入牛奶和芝士，炒出来的蛋就更加松软，并且奶香味十足。与中式炒蛋相比，这款炒蛋更受孩子的喜爱。无论是搭配馒头还是面包，这道菜都是不错的选择。

用料

鸡蛋 ....2 个

牛奶 ....25 克

芝士片 ....1 片

黄油 ....10 克

盐 ....0.5 克

欧芹碎 ....少许

1

将鸡蛋打入碗中，加入盐和牛奶，搅打均匀。

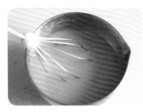

2

芝士切块或直接用手撕成块，放入蛋液中。

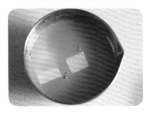

3

黄油放入锅中，小火加热至黄油完全熔化后，将蛋液倒入锅中。

4

用锅铲将蛋液往锅中间推，注意是推不是翻炒。

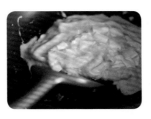

5

锅中不再有流动的蛋液时立即关火，并马上装盘，撒入少许欧芹碎即可。

小贴士

1. 蛋液中加入芝士会让做出的炒蛋味道层次更丰富，同时还能保持炒蛋的软嫩口感。

2. 关火后建议立即装盘，避免锅的余温把炒蛋焖老。

3. 火过大或锅过热都容易烧焦黄油，小火让其熔化即可。

4. 炒制时间越短，做出的炒蛋则越嫩。若是喜欢吃口感更嫩一点儿的炒蛋，建议选用可生食的无菌蛋。

欧姆蛋

  欧姆蛋是一款非常受孩子们欢迎的鸡蛋类菜品。焦黄的蛋饼中包着洋葱、西红柿和马苏里拉芝士，咬一口，奶香浓郁，口感嫩滑。

用料

鸡蛋 . . . . 2 个

洋葱丁 . . . . 10 克

西红柿丁 . . . . 50 克

盐 . . . . 1 克

马苏里拉芝士碎 . . 25 克

番茄酱 . . . . 适量

1

将鸡蛋打入碗中,加盐后搅打均匀。

2

西红柿和洋葱热锅凉油下锅,大火煸炒至西红柿变软,转小火。

3

倒入蛋液,用筷子搅拌蛋液,让其在锅中铺匀,摊成圆形的蛋饼。

4

蛋饼中间撒上马苏里拉芝士,将蛋饼分别从两边向中间卷,整形成橄榄状。

5

将蛋饼对折,关火盛出后即可。

小贴士

盛出的时候倾斜平底锅,用盘子接住蛋饼,顺势将蛋饼滑到盘子里。吃的时候可以在蛋饼表面挤上番茄酱。

极速魔法 2

洗洗切切就可以

沙拉 "万能公式"

沙拉＝叶类蔬菜＋色彩缤纷的果蔬＋优质蛋白质类＋优质碳水化合物类＋沙拉酱

第1步　选择基底蔬菜：加叶类蔬菜

代表：生菜、芝麻菜、苦菊、卷心菜、紫甘蓝等。

　　沙拉中应包括至少一种叶类蔬菜，通常叶类蔬菜是放在沙拉盘的最底层，建议选择味道清淡的，这样才能与沙拉中的其他食材和谐搭配。

第2步　加点颜色：加色彩缤纷的果蔬

代表：小西红柿、口蘑、彩椒、橙子、桃子等。

　　除了用作基底的叶类蔬菜，还要选择一些可以给沙拉增添色彩的果蔬。建议以蔬菜为主、水果为辅。重点是保证沙拉中的食材的多样性、色彩的缤纷感。

第 3 步　优化营养：加优质蛋白质类

代表： 牛肉、鸡肉、三文鱼、虾、鸡蛋等。

　　蛋白质是一切生命的物质基础，营养丰富。一份优质的沙拉绝对少不了蛋白质类食材。

第 4 步　让沙拉更饱腹：加优质碳水化合物类

代表： 面包、意大利面、南瓜、紫薯等。

　　添加了优质碳水化合物类食材的沙拉能给孩子带来长时间的饱腹感。

第 5 步　画龙点睛：加沙拉酱

代表： 油醋汁、蛋黄酱、焙煎芝麻酱等

　　油醋汁有去腥的作用。蛋黄酱适合搭配土豆沙拉、鸡蛋沙拉以及水果沙拉。焙煎芝麻酱是在蛋黄酱的基础上做出的一款酱，同类的还有恺撒酱、千岛酱等。

牛排吐司沙拉

给孩子做沙拉时我首选牛排沙拉，因为营养价值高。推荐大家选用菲力牛排或肉眼牛排。菲力牛排是牛的里脊肉，口感非常嫩；肉眼牛排的脂肪含量较高，口感细嫩，肉汁更多，吃起来更香。如果想更省时，可以使用市售即食牛排。

用料

即食牛排 ......100 克
吐司片 ....1 片
芝麻菜段 ......40 克
迷你洋葱丝 ....35 克
黑胡椒汁 ....20 克

1

芝麻菜和迷你洋葱放入沙拉盘中。

2

吐司放入烤面包机，烤至双面金黄后取出，切成小块。

3

牛排切成中等大小的块。

4

将吐司、牛排放入沙拉盘中，浇上黑胡椒汁，拌匀。

鸡肉丁意大利面沙拉

优质碳水化合物（意大利面）、优质蛋白质（鸡肉）、新鲜蔬菜，完美早餐的要素全有了，都在一盘沙拉中。

用料

即食鸡胸肉 . . . . 100 克
　　　　　　（煮熟的）
螺丝意大利面 . . . 40 克
　　　　　　（煮熟的）
圣女果 . . . . 100 克
苦菊 . . . . 40 克
油醋汁 . . . . 15 克
新鲜迷迭香段 . . . 适量

1 苦菊切成约3厘米长的段。

2 圣女果对半切开。

3 鸡胸肉切成宽1厘米左右的条。

4 苦菊放入盘中，再放入意大利面、圣女果和鸡胸肉，浇上油醋汁，放上迷迭香。

三色藜麦鸡肉沙拉

联合国粮农组织推荐藜麦为适宜人类食用的全营养食品。给孩子做早餐，怎么能错过这么好的食材呢？

用料

三色藜麦 .... 30 克
　　　　　　（煮熟的）
即食鸡胸肉 ..... 50 克
圣女果 .... 60 克
生菜 .... 20 克
千岛酱 .... 20 克

1

生菜切成中等大小。

2

圣女果切成中等大小的块。

3

即食鸡胸肉切成 1 厘米见方的小块。

4

切好的食材装进沙拉碗，淋上千岛酱并拌匀，再放上藜麦。

玉米火腿沙拉

玉米含有大量的膳食纤维，热量低，饱腹感强。建议选择含水量较高、口感清脆香甜的甜玉米搭配沙拉，在相同重量下，甜玉米的碳水化合物含量比糯玉米少。妈妈可以选用即食玉米粒，这种玉米粒是取自甜玉米。

用料

即食玉米粒....100 克

火腿丁........35 克

生菜..........50 克

圣女果.......100 克

水煮蛋.........1 个

沙拉酱.........15 克

1
生菜切成中等大小的块，铺在沙拉盘中。

2
圣女果对半切开，水煮蛋切成中等大小的块，两者都放在生菜上。

3
火腿放入沙拉盘中，撒上玉米粒。

4
挤上沙拉酱。

燕麦杂蔬沙拉

燕麦的饱腹感比较强，富含丰富的膳食纤维，属于粗粮。适量吃燕麦可以帮助消化。

用料

燕麦 ....40 克

（煮熟的）

水煮蛋 ....1 个

芝麻菜 ....30 克

圣女果 ....3 个

樱桃萝卜 ....1 个

油浸金枪鱼罐头 .30 克

油醋汁 ....20 克

1

芝麻菜切去老根，切成中等的段放入沙拉盘。

2

鸡蛋和圣女果切成中等大小的块。

3

樱桃萝卜切成薄片。

4

芝麻菜、鸡蛋、圣女果、樱桃萝卜都放入沙拉盘，金枪鱼也放入沙拉盘，用圆勺盛一勺燕麦，倒扣在盘中，淋上油醋汁。

南瓜肉粒沙拉

通常我们都是将贝贝南瓜蒸着吃，我更推荐大家烤着吃。烤的贝贝南瓜口感更粉糯。

用料

贝贝南瓜 .... 1 个
卤牛肉 .... 80 克
西蓝花块 ...... 60 克
胡萝卜块 ...... 50 克
生菜 .... 40 克
现磨黑胡椒 .... 少许
芝士粉 .... 少许
油醋汁 .... 16 克
盐 .... 少许

1

南瓜去籽切成厚片，刷橄榄油，撒现磨黑胡椒，放进预热至 180℃ 的烤箱中层，上下火，烤 20 分钟。

2

西蓝花和胡萝卜一起放入加了少许盐的沸水中焯 1 分钟，捞出沥水。

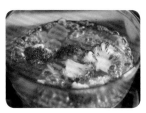

3

卤牛肉切成中等大小的块。

4

生菜切块，铺在沙拉盘底，上面放南瓜、西蓝花、胡萝卜、卤牛肉，淋上油醋汁，撒上芝士粉。

主食沙拉 鸡蛋牛油果

有"森林奶油"之称的牛油果口感绵软细腻，每 100 克牛油果的膳食纤维含量高达 6.7 克。另外牛油果还富含 DHA，有助于大脑发育。建议经常让孩子食用牛油果。

用料

水煮蛋 .... 1 个
牛油果 .... $^1/_2$ 个
生菜 .... 30 克
圣女果 .... 60 克
新鲜柠檬片 ..... 1 片
海盐 .... 1 克
现磨黑胡椒 ..... 少许

1
生菜切成中等大小的片，放入沙拉盘。

2
鸡蛋和圣女果切成中等大小的块。

3
牛油果切成中等大小的块。

4
将鸡蛋、圣女果和牛油果放入沙拉盘，放上柠檬片，撒上海盐及现磨黑胡椒。吃的时候将柠檬片中的汁挤在沙拉上。

奇亚籽燕麦水果沙拉

奇亚籽富含 ω−3 不饱和脂肪酸。ω−3 不饱和脂肪酸听起来有点陌生，但要是说到有助于大脑发育的 DHA，相信妈妈们都熟悉。DHA 就是一种 ω−3 不饱和脂肪酸。

用料

奇亚籽 ....15 克

即食燕麦片 .....15 克

香蕉块 ....50 克

芒果块 ....150 克

草莓块 ....50 克

蓝莓 ....15 颗

燕麦脆粒 ....5 克

牛奶 ....200 克

（温热的）

1

奇亚籽和即食燕麦片放入沙拉碗中，拌匀。

2

倒入牛奶，静置 10 分钟，直至奇亚籽和燕麦片变软，并体积膨胀。

3

香蕉放入牛奶中。

4

再放上蓝莓、芒果和草莓，撒上燕麦脆粒。

五彩时蔬千张卷

千张也叫豆腐皮，是豆制品的一种，营养价值非常高，含有大量的优质蛋白质，还含有人体所需的多种微量营养素。

用料

豆腐皮 ....¹⁄₄ 张

胡萝卜 ....40 克

生菜 ....1 片

鸡蛋 ....1 个

紫甘蓝 ....25 克

卤牛肉 ....50 克

蒜蓉辣酱 ...... 适量

1

豆腐皮放入沸水中煮 30 秒，去除豆腥味。

2

胡萝卜切细丝，生菜去根。

3

紫甘蓝切成细丝，卤牛肉成切成粗条。

4

平底锅烧热后倒入少量食用油，倒入蛋液，晃动锅，让蛋液铺匀；小火烙至蛋液表面凝固，关火，无须翻面。

5

煎好的蛋皮出锅后对折，切成宽条。

6

豆腐皮铺开，先刷上蒜蓉辣酱，再放上生菜。

7

胡萝卜丝、鸡蛋皮、紫甘蓝丝、牛肉条依次居中摆放在生菜上。

8

将豆腐皮自左向右卷紧，用刀从中间切开。

极速魔法 3

饭菜一锅出

剩饭的华丽逆袭

　　米饭经常会做多了剩下来，扔掉太可惜，下顿再吃口感又不好了。所以，我们在每次做米饭时经常为应该做多少而发愁。其实，米饭是很好的省时早餐食材，只要稍微用些心思，米饭就可以变成多种美食——炒饭、盖饭、蛋包饭……

盖饭

如果你嫌炒饭麻烦，那就做盖饭吧。只需要把炒好的菜或肉做好，盖在米饭上即可。

炒饭

炒饭非常适合在早餐时食用。首先，炒饭非常简单；其次，由于我们可以在做炒饭时添加丰富的食材，所以炒饭营养可以很全面。你可以根据孩子的口味添加各种食材，不管怎么搭配，味道都不错。

日式蛋包饭

炒饭穿上了美丽的外衣，味道也更佳了呢。若是吃腻了炒饭，就赶快试试蛋包饭吧。

菠萝饭

菠萝饭因为加了菠萝果肉而酸甜可口，每个孩子都会爱上它。

饭团

饭团是日本的传统食物，主料也是米饭，做法很简单。我们可以随意添加配料，加入蔬菜、肉类等营养食材。你可以试一下给孩子做饭团，把你想让孩子吃下的东西都包在饭团里。

蛋炒饭

相信每家的餐桌上都出现过蛋炒饭，它的确很普通，味道却一点儿都不简单，不知道给孩子做什么的时候就做一份蛋炒饭吧，既有蛋又有饭，还能随意添加时蔬。只吃蛋炒饭，营养就够了。

用料

隔夜米饭 ......220 克

鸡蛋 ....2 个

香葱碎 ....15 克

盐 ....1.5 克

1

将鸡蛋打入碗中，打散。

2

米饭用饭铲打散或戴上一次性手套抓散。

3

中大火烧热炒锅，倒油，边倒入蛋液，边用筷子快速将蛋液划散，直到蛋液凝固。

4

转小火，倒入米饭，小火翻炒 2~3 分钟，将米饭炒散、炒热。

5

放入香葱和盐，翻炒均匀。

小贴士

1. 炒饭用隔夜米饭比较合适。如果蒸好的米饭比较湿，可以在米饭中加少许玉米淀粉抓匀；如果米饭过干，可以淋少许水，同样也要抓匀。

2. 米饭一定要提前用饭铲打散或是用手抓散，这样你才能在米饭下锅后快速地将米饭翻炒至粒粒分明。

3. 如果是使用现蒸的米饭，需要先将其摊开晾凉后再炒。

4. 鸡蛋吸油，炒蛋的时候油够多蛋才嫩，建议做蛋炒饭时适当多放些油。

蛋炒饭延伸配方

酱香浓郁
酱油鸡丁蛋炒饭

用料：隔夜米饭 220 克、鸡蛋 2 个、鸡肉丁 80 克、豌豆 30 克、胡萝卜丁 30 克、白砂糖 2 克、盐 2 克、生抽 5 克、老抽 3 克、蚝油 3 克

做法：炒蛋之后，先将鸡肉、豌豆和胡萝卜下锅炒，炒至鸡肉变色后转小火，再下米饭，米饭炒散、炒热后加盐、白砂糖、生抽、老抽和蚝油，炒匀即可。

五彩纷呈
三丁炒饭

用料：隔夜米饭 220 克、鸡蛋 2 个、胡萝卜丁 30 克、火腿丁 30 克、黄瓜丁 40 克、盐 2 克

做法：炒蛋之后，先下胡萝卜、火腿、黄瓜，翻炒约 1 分钟，转小火后再下米饭，米饭炒散、炒热后加盐调味，炒匀即可。

补钙小能手
紫菜炒饭

用料：隔夜米饭 220 克、鸡蛋 2 个、干紫菜 3 克、香葱碎 10 克、盐 1.5 克

做法：紫菜需要用水泡一下再撕碎备用，如果是免洗的则直接攥在手中用水打湿并撕碎备用即可。处理紫菜之后开始炒蛋，炒好之后，将米饭和紫菜一起放入锅中，将米饭炒散、炒热后加香葱和盐，炒匀即可。

咸蛋黄炒饭

咸蛋黄炒饭非常简单好做，味道一点儿却都不简单，每粒米饭外都包裹着薄薄的一层咸蛋黄，口感沙沙的，咸香美味，好像有蟹黄的味道呢。

用料

咸蛋黄 ....2 个

隔夜米饭 ......220 克

姜末 ....5 克

香葱碎 ....10 克

盐 ....1.5 克

白醋 ....3 克

1

米饭用饭铲打散或戴上一次性手套抓散。

2

咸蛋黄用叉子碾碎，与姜末混合。

3

炒锅烧热后倒入少许油，咸蛋黄下锅，边炒边用锅铲按压，炒到能闻到姜味且蛋黄碎变成细腻的蛋黄糊。

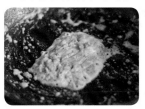

4

倒入打散的米饭，小火翻炒 2~3 分钟，直至米饭炒散、炒热，加香葱、盐和白醋，翻炒均匀即可。

菠萝虾仁炒饭

在我家，这款炒饭每次上桌都能一下子就抓住孩子的眼球，因为它颜值太高了。不过，更出色的其实是它的味道，酸甜的菠萝配上鲜美的虾仁，没有人不爱它。

用料

隔夜米饭 ......100 克

菠萝 ....1 个

鸡蛋 ....1 个

虾仁 ....40 克

豌豆 ....40 克

胡萝卜丁 ......40 克

葡萄干 ....10 克

盐 ....1.5 克

1

菠萝直立放置，纵向切开，将菠萝一分为二，用刀在菠萝肉中划方格。

2

不破坏外壳，取出果肉，将果肉放入淡盐水中浸泡5分钟，菠萝壳备用。

3

炒锅烧热后倒油，蛋液打散后下锅，快速炒散，蛋液凝固后盛出。

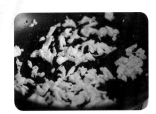

4

下虾仁、胡萝卜、豌豆，炒至虾仁变色后下米饭，米粒炒散后下炒蛋、菠萝、葡萄干。

5

再次炒匀后加盐调味，并将炒好的米饭盛入菠萝壳里。

小贴士

1. 做炒饭用的米饭最好是隔夜米饭，因为隔夜米饭相对较硬，更容易炒出粒粒分明的效果。

2. 炒鸡蛋的时候要用小火，可以酌情多放一些油。盛出鸡蛋后，用锅里剩下的油煸炒配菜即可。

三色藜麦炒饭

　　吃腻了普通炒饭或者担心普通炒饭营养不够？那就试试这款藜麦炒饭吧，颗颗分明，粒粒入味，既好看又好吃。

用料

三色藜麦饭	260 克
鸡蛋	2 个
广式腊肠丁	50 克
胡萝卜丁	40 克
玉米粒	30 克
香葱碎	20 克
生抽	5 克
老抽	3 克
蚝油	3 克

1

炒锅烧热倒油，然后边倒入蛋液，边快速划散，蛋液凝固后立即关火，再翻炒一会儿后盛出。

2

开火，下腊肠，炒香后下胡萝卜与玉米粒。

3

炒至胡萝卜变色后下藜麦饭，炒散。

4

藜麦饭炒散后下炒好的鸡蛋，炒匀。

5

将生抽、老抽和蚝油倒入炒饭中，炒匀后放入香葱即可关火。

小贴士

1. 炒饭用隔夜米饭更好。

2. 做三色藜麦饭时，大米与藜麦的比例是 4：1，这样做出的藜麦饭的口感还是比较容易被大家接受的，解决了纯藜麦饭黏性差、口感粗的问题。

3. 炒蛋时大火把锅烧热，倒油后转中火再倒入蛋液，用筷子不停地快速划炒，这样炒出的蛋既嫩又细碎。蛋炒饭中的蛋足够细碎，才能与米饭更好地混合。

日式蛋包饭

蛋包饭是用煎蛋皮将炒饭包起来。普通的炒饭"穿上了金黄色的外衣"后让人一看就垂涎欲滴。小小的变化就能让孩子胃口大开。

用料

炒饭 .... 260 克
鸡蛋 .... 3 个
盐 .... 少许
番茄酱 .... 适量

1

鸡蛋打散,加盐并搅打均匀。

2

锅烧热后倒少许油,转小火,倒入蛋液,晃动锅,让蛋液在锅内铺匀。

3

蛋皮无须翻面,蛋液表面凝固即关火,将炒饭倒在蛋皮中间。

4

按照上、左、右、下的顺序依次将蛋皮的四边向内折。

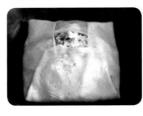

5

将蛋包饭扣在盘子里,表面挤上番茄酱。

小贴士

1. 制作这款蛋包饭的炒饭可根据孩子的喜好自由选择。

2. 煎蛋皮时,若想油少一些,可以在油入锅后用厨房纸巾将锅中的油抹匀,这样可以吸走多余油脂。

3. 将蛋包饭盛出时,一手握锅柄,另一手托着盘子底,将蛋包饭扣在盘子里即可。

脆皮鸡盖饭

这款盖饭选了小朋友喜爱的脆皮鸡作配菜，孩子一定爱吃得不得了。

用料

米饭	适量
琵琶腿	2 个
生抽	6 克
料酒	12 克
盐	1.5 克
现磨黑胡椒	0.5 克
姜片	4 片

1

用厨房剪刀沿着鸡腿腿骨剪开，将鸡肉往两边剥开，并剔掉骨头。

2

去骨鸡腿肉加生抽、料酒、盐、现磨黑胡椒拌匀，冷藏腌制一夜。

3

平底不粘锅烧热，转小火，鸡腿肉放入锅中铺平（鸡皮朝下），上面放上姜片。

4

鸡腿肉盖上油纸，再压上装有水的盆，小火煎 8 分钟，鸡腿肉底部煎黄后翻面。

5

再次放上水盆压着，煎 8 分钟，再翻面，继续煎 2 分钟。

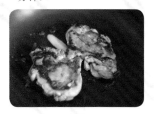

小贴士

1. 腌制鸡腿肉的汤汁不要倒入锅里。

2. 煎制的过程中在鸡腿肉上面压一盆水是为了让鸡肉和锅更加贴和，从而将表皮煎得更酥脆。

3. 如果时间来得及则可以再准备几样配菜，让营养更均衡。如西蓝花，只需焯水 1 分钟，装盘后浇一点照烧酱就很好吃。

普通三角饭团

大多数孩子都喜欢吃饭团，原本普通的米饭和配菜被做成饭团后一下子就变成了孩子的心头爱。饭团的做法非常简单，拌一拌、捏一捏就好了。

用料

米饭 ....200 克

芝麻海苔碎 .....15 克

1

米饭盛入大碗中，晾至温热后加入芝麻海苔碎。

2

翻拌至米饭与芝麻海苔碎混合均匀。

3

将拌好的米饭装进三角饭团模具，压实。

4

从模具背后轻轻一推，饭团即可脱模。

三角饭团延伸配方

缤纷多彩
彩色饭团

用料： 米饭 200 克、胡萝卜丁 30 克、黄瓜丁 30 克、即食玉米粒 30 克、鸡蛋 1 个、芝麻海苔碎 15 克

做法： 先要做出煎蛋皮并切碎，接下来只需要将所有食材混合拌匀，用模具制成饭团即可。

健脑益智
金枪鱼西蓝花饭团

用料： 米饭 200 克、西蓝花 50 克、油浸金枪鱼罐头 50 克

做法： 西蓝花需要先放入加盐的沸水中焯 30 秒，再切碎。接下来只需将所有食材混合，用模具制成饭团即可。

每一口都能吃到肉
紫米肉粒饭团

用料： 紫米饭 200 克、即食鸡胸肉丁 80 克、胡萝卜丁 30 克、即食玉米粒 30 克

做法： 无特殊步骤，只需将所有食材混合拌匀，用模具制成饭团即可。

超级有内涵
紫米肉松饭团

用料： 紫米饭 200 克、肉松 25 克、沙拉酱 20 克

做法： 无特殊步骤，只需将所有食材混合拌匀，用模具制成饭团即可。

酱油煎芝心饭团

把剩米饭做成咬一口就会爆浆的日式煎饭团吧，既简单又好吃。

用料

米饭 ....400 克

芝士片 ....1 片

火腿片 ....1 片

海苔片 ....4 片

（宽约 2 厘米）

生抽 ....8 克

料酒 ....8 克

细砂糖 ....8 克

1

芝士片和火腿片切小块；三角模具中先放入一部分米饭，再放入切好的芝士和火腿。

2

用米饭填满模具,盖上盖子,压实后将饭团从模具中轻推出来。

3

平底锅中刷一层油，将饭团放入锅中，小火煎，让饭团定型。

4

生抽、料酒、细砂糖混合，刷在饭团上，关火后将饭团立起，用余温煎饭团侧面。

5

饭团外贴上海苔片。

小贴士

1. 煎饭团是为了让饭团更结实。一定要将饭团压实才能避免饭团在煎的时候散开。

2. 米饭如果比较硬，可以加少量寿司醋拌匀。

芝士海苔饭团

这款三角饭团设计很巧妙。它无须加入内馅，所以就不像上一款饭团那样麻烦。同时，它又不像普通三角饭团那样单调，因为其中加了芝士片和番茄酱——它们都是孩子超级喜爱的食材。

用料

米饭 .... 200 克

黄瓜丁 .... 30 克

火腿肠丁 ...... 100 克

芝士片 .... 1 片

海苔片 .... 1 片

番茄酱 .... 10 克

1

火腿肠与米饭、黄瓜混合后拌匀，用模具制成饭团。

2

芝士片从中间切开。做好的饭团放在烤盘上，盖上切好的芝士片。

3

海苔片剪成细条，放在芝士片上，再挤上番茄酱。

4

饭团放入预热好的烤箱，180℃，中上层，烤约10分钟。

藜麦鸡蛋饭团

藜麦中含有赖氨酸，是健脑、补脑的佳品。不过，藜麦饭口感较粗糙，很多孩子不喜欢吃。妈妈们可以将藜麦饭做成孩子爱吃的饭团，轻松就能让孩子爱上藜麦饭。

用料

三色藜麦饭 ....200 克
水煮蛋 ....1 个
培根 ....2 片
肉松 ....20 克

1

准备一个大碗，铺上保鲜膜，把米饭铺在碗里。

2

撒上一半肉松；培根煎熟，交叉摆放在肉松上面。

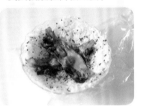

3

鸡蛋放在中心，再把剩下的一半肉松撒上。

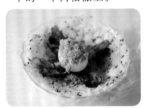

4

提起保鲜膜的四个边，把保鲜膜拧紧，制成饭团。

鳗鱼饭团

蒲烧鳗鱼是一道著名的日本料理。肥美软糯的鳗鱼被咸香酱汁浸透，散发着诱人的光泽。你只要吃过一次，便会对其念念不忘。这款加了蒲烧鳗鱼的饭团也会令你念念不忘的。

用料

米饭 ....200 克
蒲烧鳗鱼 ....2 块
海苔片 ....2 片
　　　　　（宽约 1 厘米）
芝麻海苔碎 .....5 克

1

保鲜膜铺在案板上，盛适量米饭放在保鲜膜中心。

2

用保鲜膜将米饭包起来，把米饭整形成椭圆形后揭去保鲜膜。

3

蒲烧鳗鱼放在上汽的蒸锅里，蒸 3 分钟。

4

鳗鱼放在饭团上，取少许盛鳗鱼的容器中的汤汁，淋在鳗鱼上；用海苔在饭团外缠一圈，再撒上芝麻海苔碎。

牛油果饭团

日语的"饭团"直译过来是手捏饭。所以，做饭团时，你也可以不用模具，直接用手将米饭捏成任何你喜欢的形状。这里用牛油果简单给饭团做个造型，饭团就更华丽了，营养也更丰富了。这款饭团里的牛油果也可以换成芒果。

用料

三色藜麦饭 .... 200 克
牛油果片 .... 适量
水煮蛋 .... 1 个

1

将保鲜膜铺在案板上，再把米饭铺在保鲜膜上，压实。

2

把牛油果摆在米饭上，再取一张保鲜膜盖在米饭和牛油果上。

3

翻转一下，让有牛油果的那面朝向案板，揭去上面的保鲜膜，放上水煮蛋。

4

用保鲜膜将米饭和水煮蛋、牛油果一起包住，拧紧，整形成圆形饭团。

肉松咸蛋桨饭团

这是早餐界名声响当当的美食，如果再卷根油条进去，那可真是给肉也不换啊。

用料

米饭 . . . . 160 克

肉松 . . . . 20 克

芝麻海苔碎 . . . . . 6 克

咸蛋黄 . . . . 1 个

火腿肠条 . . . . . 100 克

沙拉酱 . . . . 适量

熟黑芝麻 . . . . . . 少许

1

寿司帘上面铺上保鲜膜(保鲜膜要比寿司帘大一些),撒上少许熟黑芝麻。

2

米饭趁热打散,放在保鲜膜上,铺成薄厚均匀的长方形。

3

米饭上挤上沙拉酱并抹匀,撒上肉松并铺匀。

4

撒上芝麻海苔碎,放上咸蛋黄并压碎,再放上火腿肠。

5

双手各执寿司帘一端,将米饭卷起,卷紧后揭去寿司帘,把保鲜膜两头拧紧。

小贴士

1. 做粢饭团的米饭要比平时吃的米饭稍硬一些,在煮米饭的时候可以酌情少放一点儿水。

2. 第 5 步卷的时候要注意不要把保鲜膜卷进米饭中,应该提着寿司帘和保鲜膜一起卷。

3. 为了防粘,建议切粢饭团的时候先用刀蘸少许凉开水再切。

甜甜圈饭团

快手早餐也可以做得精致好看，只需要一个甜甜圈模具就能做到。

用料

米饭 . . . . 200 克

黄瓜 . . . . 1 根

胡萝卜 . . . . 1 根

海苔片 . . . . 3 片

（宽约 1.5 厘米）

虾仁 . . . . 6 个

即食玉米粒 . . . . . 10 克

芝麻海苔碎 . . . . . . 5 克

1

黄瓜和胡萝卜用削皮刀分别刨出薄片。

2

甜甜圈模具内侧刷少许橄榄油，取适量米饭装入甜甜圈模具。

3

米饭压实，倒扣脱模，依次将胡萝卜、黄瓜、海苔片缠在饭团上。

4

煮熟的虾仁捞出沥水，摆放在饭团上。

5

饭团上放上即食玉米粒，撒上芝麻海苔碎。

小贴士

　　甜甜圈模具并非饭团专用模具，直接使用是无法将米饭完整脱模的。想将米饭完整脱模，就需要在每次装入米饭前在模具内壁上刷薄薄一层橄榄油做防粘处理。

世界面条之旅

　　面条是一种省时易做的食物，由于我们做面条时会搭配很多种配菜，所以面条一般营养较丰富。时间紧张的早上，没有什么食物比一碗肉、菜、蛋兼有的面条更适合孩子吃了。面条的做法多种多样，有炒面、汤面、拌面等。另外，面条并不是中国独有的，世界各国都有自己的专属面条，其中日本有乌冬面、意大利有意大利面，妈妈可以换着花样做给孩子吃。

炒面
炒面是将煮熟并沥干的面条与配菜或者酱料一起下锅炒制而成。炒面一般更入味，令人回味无穷。

拌面
拌面是把煮熟并沥干的面条加配菜或者酱料拌匀食用的。与汤面相比，拌面往往更劲道爽滑，十分好吃。

意大利面

这种来自异域的面食俘获了大量孩子的心。在我家，每次做意大利面，孩子绝对都能吃光。

汤面

顾名思义，汤面就是带汤的面条，十分适合秋冬时节食用。吃一口面，喝一口汤，一碗下肚后浑身暖乎乎的。

爽口凉拌面

吃上这口凉拌面就意味着夏天到了。面对一份清清爽爽的凉拌面，任谁也得胃口大开呀。鸡腿可以在前一天晚上煮好，并撕成鸡肉丝，用保鲜袋装好放入冰箱冷藏保存。

用料

鸡腿 ....2 个

荞麦挂面 ....140 克

鸡蛋 ....2 个

黄瓜 ....50 克

胡萝卜 ....50 克

紫甘蓝 ....40 克

姜片 ....3 片

花椒 ....少许

生抽 ....8 克

蚝油 ....8 克

白醋 ....8 克

香油 ....8 克

熟白芝麻 ....5 克

焙煎芝麻沙拉酱 .25 克

盐 ....少许

鸡腿凉水入锅，水沸后继续煮 3 分钟再关火。关火后立即捞出鸡腿，并用自来水冲洗，再放入凉水中浸泡一会儿。

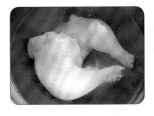

重新将鸡腿放入锅中，加水没过鸡腿，放入姜片、花椒，大火煮开后转中火煮 20 分钟。

3

将鸡腿捞出，晾凉后即可撕成鸡丝。

4

鸡蛋打散，加少许盐，打匀后倒入有油的锅中，铺匀，制成蛋皮。

5

蛋皮和紫甘蓝切成细一些的丝，黄瓜和胡萝卜擦成细一些的丝。

6

生抽、蚝油、白醋、香油、白芝麻、焙煎芝麻沙拉酱混合均匀，制成料汁。

7

挂面煮熟后装盘，盘中放入蛋皮、胡萝卜、紫甘蓝、黄瓜、鸡肉，浇上料汁。

小龙虾拌面

夏天怎么能不吃小龙虾呢？这款简单省时的拌面，味道可真是一点也不简单。面条吸足汤汁又不失韧性，让小朋友直呼过瘾。

用料

鲜面条 . . . . .150 克

小龙虾尾 . . . . . .16 个

香葱段 . . . . .50 克

姜片 . . . . .2 片

郫县豆瓣酱 . . . . .15 克

生抽 . . . . .5 克

蚝油 . . . . .5 克

水 . . . . .150 克

1

炒锅烧热，多倒些油，转小火下香葱。

2

香葱炸至呈焦黄色后关火，将香葱夹出，下豆瓣酱，小火炒出红油后下姜片。

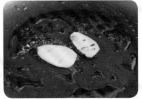

3

小龙虾尾倒入炒锅，小火翻炒，加生抽、蚝油，翻炒均匀。

4

将水倒入炒锅中，盖上锅盖，焖烧至水剩一半时转大火收汁，还剩 $1/3$ 时关火。

5

面条煮熟，捞出沥水后装盘。小龙虾连同汤汁一起浇到面条上，再放上几根炸好的香葱。

小贴士

1. 郫县豆瓣酱、生抽以及蚝油中都含有盐，所以做这款拌面就无须再加盐调味了。

2. 这份拌面是微辣的，不能吃辣的话可以把郫县豆瓣酱换成黄豆酱。

肥牛炒乌冬面

做省时早餐从选对食材开始。快熟好吃的肥牛片和快熟好吃的乌冬面的组合太适合时间紧张的早晨了。

用料

肥牛片 . . . . 150 克

乌冬面 . . . . 300 克

洋葱丝 . . . . 100 克

菠菜 . . . . 80 克

口蘑片 . . . . 50 克

红彩椒丝 . . . . . 25 克

黄彩椒丝 . . . . . 25 克

蚝油 . . . . 5 克

生抽 . . . . 6 克

老抽 . . . . 3 克

盐 . . . . 少许

1

菠菜放入加少许盐的沸水中焯约 10 秒，捞出控水。

2

肥牛片一片一片地放入锅中焯水，变色后立即捞出。

3

炒锅烧热后倒油，下洋葱煸炒，炒香后下口蘑，炒至洋葱变透明。

4

锅中放入肥牛片、乌冬面、彩椒和菠菜，加蚝油、生抽、老抽，炒匀即可。

小贴士

1. 洋葱切成两半后先放入凉水中浸泡片刻，切丝的时候你就不会流泪了。

2. 焯烫菠菜不仅能去除菠菜中的草酸，还能去涩味。焯水时要沸水下锅，水中加少量盐有助于菠菜保持其翠绿的颜色。

3. 蚝油、生抽、老抽中都含有盐，所以做这款炒面无须再加盐调味。

4. 可以在装盘后加少许黑胡椒粉。

黑椒牛柳炒面

牛肉能提供高品质的蛋白质，对孩子来说是必不可少的食材。推荐妈妈们给孩子做这款炒面，炒面中的黑椒牛柳比牛排的制作成功率更高，烹饪新手也能一次成功。

用料

牛里脊肉片 ....150 克

2% 淡盐水 .....300 克

　　　　（300 克水、6 克盐）

碱水挂面 ......130 克

红彩椒丝 ....50 克

黄彩椒丝 ....50 克

绿彩椒丝 ....50 克

洋葱丝 ....30 克

小油菜 ....80 克

蒜片 ....5 克

姜片 ....3 片

小苏打 ....1 克

白砂糖 ....1 克

生抽 ....8 克

老抽 ....6 克

料酒 ....10 克

玉米淀粉 ....2 克

油 ....5 克

黑胡椒酱 ....10 克

1

牛肉放入 2% 淡盐水，浸泡 5 分钟，然后抓洗出血水并过凉水。沥干后加小苏打、白砂糖、生抽、老抽、料酒，冷藏腌制一夜。

2

碱水挂面沸水下锅，煮熟捞出，沥水备用。

3

牛肉加玉米淀粉和油拌匀。炒锅烧热后加适量油，下牛肉，快速划散，大火炒至变色，立即盛出。

4

锅中余油烧热后放入蒜、姜、洋葱，炒香后下牛肉、彩椒，炒匀后下碱水挂面，加黑胡椒酱，下小油菜，炒至油菜断生。

小贴士

1. 酱油、黑胡椒酱中都含有盐，所以这份炒面无须加盐调味。

2. 即使想当天制作，腌制牛肉的时间也不要少于 20 分钟。

3. 配菜可根据自己喜好调整，胡萝卜、黄瓜、菠菜都是不错的选择。

4. 碱水挂面可换成意大利面，用量需适当减少。无论是碱水挂面还是意大利面，煮好捞出沥干即可，无须过凉水。

培根时蔬炒面

这款炒面中同时加了培根和各种时蔬。咸香的培根让蔬菜也变得有滋有味，爽口的蔬菜会中和培根的油腻口感，让培根更好吃。孩子会不知不觉地吃下多种蔬菜。

用料

碱水挂面 ......120 克

培根 ....75 克

胡萝卜片 ......60 克

荷兰豆 ....50 克

奶白菜 ....150 克

蚝油 ....5 克

生抽 ....6 克

碱水挂面放入沸水中煮熟，沥干备用。

培根切块；炒锅烧热后倒入少量油，下培根，煸炒至出油。

下胡萝卜、荷兰豆、奶白菜，炒至断生。

倒入碱水面，炒匀，加生抽、蚝油，再次炒匀。

小贴士

1. 胡萝卜片一定要切得薄一些。

2. 蚝油和生抽含有盐，所以做这款炒面无须加盐调味。

3. 碱水面煮熟捞出后无须过水。

4. 培根煸炒时会出油，所以做这款炒面的时候要适当减少油的用量。

虾仁秋葵炒米粉

秋葵富含维生素和膳食纤维，一度还是热门的"奥运蔬菜"之一。这款炒面因加了秋葵而变得更有营养。

用料

越南干米粉 ....100 克

虾仁 ....40 克

秋葵 ....4 根

口蘑片 ....4 朵

胡萝卜片 ......40 克

蟹味菇 ....40 克

菜心 ....80 克

葱花 ....40 克

XO 酱 ....20 克

越南米粉放入沸水煮熟。煮米粉的时候，把秋葵放进去焯 30 秒。

煮熟的米粉捞出，沥水备用。

炒锅烧热倒油，将葱放入锅中，爆香后下虾仁和所有蔬菜，炒匀。

炒至虾仁变红、蔬菜断生，下米粉，炒匀后加XO 酱，再次炒匀。

小贴士

1、XO 酱中含有盐，故无须再加盐调味。

2、如果没有越南米粉也可以换成江西米粉，只是煮米粉的时间要依据包装袋上的说明进行调整。

肥牛汤面

秋风起，天气便转凉了，早上吃面条的日子就多了起来。秋冬时节的早上最适合吃一碗冒着热气的汤面，既暖身又有营养。

用料

肥牛片 . . . . 150 克

挂面 . . . . 150 克

西红柿丁 . . . . . 100 克

小油菜 . . . . 150 克

香葱碎 . . . . 适量

番茄酱 . . . . 10 克

生抽 . . . . 10 克

白砂糖 . . . . 5 克

盐 . . . . 3 克

1

将肥牛片放入沸水中，焯至变色后立即捞出。

2

炒锅烧热后倒油，下西红柿，炒软后加适量水。

3

炒至汤汁浓稠，加番茄酱和白砂糖，炒匀。

4

加入适量水，水沸后下挂面、小油菜和肥牛片，水再次沸腾后约 1 分钟关火，加盐和生抽调味，撒香葱。

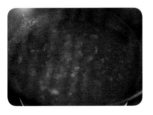

小贴士

1. 加番茄酱和糖是为了提味和增色，如果西红柿成熟度高，可以不加番茄酱和糖。

2. 我用的是细挂面，熟得快。如果用粗面条，可以煮开后加半碗水，再次煮开后继续煮约 1 分钟。

3. 按照这里介绍的方法做出来的面汤比较稠，如果喜欢清汤，可以另取一口锅，将面条煮熟后放入番茄肥牛汤中。

菌菇鸡汤面

菌菇鸡汤可以提升免疫力，在寒冷的冬天让孩子喝点儿菌菇鸡汤，好处颇多。这款汤面因为有自带鲜味的菌菇与越炖越鲜美的鸡汤而变得鲜香浓郁、诱人无比，孩子一定会一口气吃得汤都不剩。这道菜用了鸡汤，看上去似乎很麻烦，其实你只需要前一晚预约煲汤就可以，做法很简单。

用料

鸡腿 .... 2 个

挂面 .... 100 克

虫草花 .... 30 克

香菇 .... 60 克

胡萝卜块 ...... 50 克

盐 .... 4 克

花椒 .... 0.5 克

姜 .... 3 片

鸡腿冷水入锅后开火，水沸后再煮 2~3 分钟。

鸡腿捞出后立即放入凉水中浸泡。

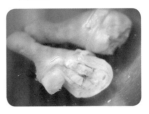

鸡腿、虫草花、香菇、胡萝卜、花椒、姜放入电饭锅，启动煲汤程序，汤煲好后加盐调味。

挂面煮熟后捞入碗中，浇上鸡汤，放上鸡腿和配菜即可。

小贴士

1. 建议选用琵琶腿，吃起来不会油腻。

2. 焯过水的鸡腿过凉水可以保持鸡皮的完整和弹性，让鸡腿吃起来口味更好。

3. 如果电饭锅没有煲汤功能可选，可以选择任意一种煮饭程序。

日式鱼丸乌冬面

　　乌冬面是日本人餐桌上常见的面食之一。乌冬面熟得很快，所以即使还需要煮日式素高汤，你也能在泡碗方便面的工夫就做出热气腾腾、配菜丰富、爽滑可口、清淡暖胃的鱼丸乌冬面。

用料

乌冬面 . . . . 400 克
白萝卜块 . . . . . . 60 克
苹果块 . . . . 40 克
昆布 . . . . 10 克
日式酱油 . . . . . . 10 克
盐 . . . . 2 克
鱼丸 . . . . 2 个
鱼子福袋 . . . . . . 2 个
鲜虾 . . . . 4 只
鸣门卷片 . . . . . . 40 克
生菜 . . . . 适量
水 . . . . 800 克

1

将水倒入锅中，用干纱布擦去昆布的浮灰，将昆布与白萝卜和苹果一起放入水中。

2

大火煮开，转中火再焖煮5 分钟。

3

不关火，先捞出白萝卜、苹果和昆布，再把鲜虾、鱼丸、鱼子福袋、鸣门卷放入锅中煮约 30 秒。

4

将乌冬面放入锅中，再煮1 分钟。加盐和日式酱油调味，放入生菜，关火。

鲜虾云吞面

云吞面虽是南方的特色面食，但我认识的很多北方孩子也很喜欢。竹升面弹牙爽口，云吞鲜美，每一次端上桌时小朋友都能吃个精光。

用料

云吞 ....8 个

竹升面饼 ....1 个

葱花 .... 适量

生抽 ....3 克

香油 ....1 克

白胡椒粉 ...... 少许

1

碗中放入生抽、香油、葱和白胡椒粉，制成料汁。

2

锅中加水煮沸，盛 2 勺沸水倒入盛有料汁的碗中，制成底汤。

3

将云吞和竹升面饼放入沸水中，中火煮 2 分钟。

4

将云吞和竹升面捞入盛有底汤的碗中。

奶油口蘑意大利面

　　顺滑弹爽的意大利面带着浓郁的奶香味，再加上蘑菇的鲜味，难怪这款奶油口蘑意大利面会成为孩子们的最爱。

用料

意大利面 . . . . . . 120 克
培根块 . . . . 25 克
蒜末 . . . . 10 克
口蘑片 . . . . 80 克
淡奶油 . . . . 50 克
盐 . . . . 少许
现磨黑胡椒 . . . . . 少许
芝士粉 . . . . 少许
欧芹碎 . . . . 少许

意大利面放入加盐的沸水
中煮约 10 分钟，捞出后加
橄榄油拌匀。

2

锅烧热后转小火，倒适量
橄榄油，放入蒜，炒香。

3

下口蘑和培根，炒约1分钟。

4

加 80 克水与淡奶油，中火
煮 1 分钟，至汤汁黏稠。

5

下意大利面，加盐，拌匀
后装盘，撒芝士粉、现磨
黑胡椒和欧芹。

小贴士

1. 煮好的意大利面捞出沥水后可加少许橄榄油防粘，切记意大利面不可过凉水。
2. 不同品牌的意大利面的煮制时间略有差异，可参考包装上建议的煮制时间。
3. 蒜入锅时火一定要调小，火大容易把蒜炒煳。
4. 淡奶油不可用普通牛奶代替。

海鲜意大利面

海鲜营养丰富，十分适合处于发育期的孩子，我们应该多给孩子做海鲜类美食。如今生活便利，在超市或各种送菜到家的购物 App 上都可以买到冷冻的海鲜什锦，一袋中往往包含了虾仁、鱿鱼、瑶柱等多种海鲜，用来做这道海鲜意大利面实在是再好不过了。

用料

意大利面......120 克

虾仁......40 克

鱿鱼圈......50 克

红彩椒丝......40 克

黄彩椒丝......40 克

西红柿丁......20 克

蒜末......10 克

洋葱丁......30 克

番茄酱......20 克

盐......2 克

1

将意大利面放入加盐的沸水中煮约 10 分钟，捞出后加橄榄油拌匀。

2

炒锅中倒少许橄榄油，放入蒜和洋葱，小火炒香。

3

下西红柿，边炒边按压西红柿，炒软后倒入番茄酱，炒至西红柿软烂。

4

下虾仁、鱿鱼圈、彩椒，炒至海鲜变色后下意大利面，加盐调味并炒匀。

小贴士

1. 不同品牌的意大利面的煮制时间略有差异，一定要参考包装上推荐的煮制时间。

2. 海鲜类中的瑶柱、章鱼、青口贝都是不错的选择。

鲜虾青酱意大利面

这款青酱意大利面特别适合在春天食用，虽然如今一年四季都可买到新鲜的芦笋，但我仍旧认为春季的芦笋最鲜嫩。

用料

意大利面 ...... 110 克

菠菜 .... 80 克

牛奶 .... 60 克

小苏打 .... 少许

芦笋段 .... 40 克

蒜片 .... 10 克

口蘑片 .... 80 克

鲜虾 .... 8 只

盐 .... 2 克

黄油 .... 8 克

1

取菠菜叶，放入加盐（用料用量外）的沸水中焯约 30 秒，捞出后放入料理机，加牛奶、小苏打，搅打成青酱。

2

虾挑去虾线，剥成虾仁。

3

意大利面放入加盐的沸水中，煮约 10 分钟，捞出后加橄榄油拌匀。

4

炒锅烧热，放入黄油后无须等黄油熔化，立即将蒜放入锅中，炒香。

5

虾仁、口蘑、芦笋一起下锅，炒至虾仁变红，下意大利面，炒匀后加青酱和盐拌匀。

小贴士

制青酱时，放入小苏打能够让青酱在加热后依然保持翠绿的色泽。

极速魔法 4

预约一碗热饮（粥）

豆浆米糊

豆浆、米糊是很多人的早餐饮品，既营养丰富又简单易做，只需要将食材全部放入豆浆机或破壁机并加水，再启动相应程序即可。

另外，现在的豆浆机或破壁机几乎都有预约功能。前一天晚上将食材和水都放入机器，计算好早饭时间，设定好预约时间，早晨起床后便能喝到热乎乎的豆浆、米糊或粥，感觉实在太棒了！

香浓豆浆

黄豆45克＋鹰嘴豆25克＋水750克

绿豆豆浆

绿豆40克＋黄豆25克＋水700克

毛豆豆浆

新鲜毛豆仁70克＋水700克

燕麦花生豆浆

燕麦片20克＋黄豆50克＋花生25克＋水750克

紫薯大米糊

去皮紫薯150克＋大米30克＋水780克

绿豆小米糊

绿豆38克＋小米38克＋枸杞子5克＋水700克

红枣紫米糊

去核红枣 3 个 + 紫米 15 克 + 糯米 15 克 + 红米 15 克 + 黄豆 10 克 + 腰果 20 克 + 水 750 克

南瓜燕麦米糊

南瓜 170 克 + 燕麦片 8 克 + 小米 30 克 + 水 700 克

黑豆红枣杂粮米糊

黑豆 10 克 + 黑芝麻 10 克 + 核桃仁 15 克 + 去核红枣 5 个 + 花生 15 克 + 大米 40 克 + 水 700 克

红豆莲子糊

红豆 100 克 + 莲子 30 克 + 冰糖 15 克 + 水 700 克

山药米糊

铁棍山药 70 克 + 大米 40 克 + 鹰嘴豆 25 克 + 水 700 克

黑芝麻杏仁糊

黑芝麻 20 克 + 核桃仁 20 克 + 杏仁 20 克 + 糯米 30 克 + 水 700 克

花生牛奶露

花生 60 克 + 大米 20 克 + 牛奶 200 毫升 + 水 60 克

韩式南瓜羹

去皮南瓜块 280 克 + 糯米 30 克 + 水 700 克

*做好后，可加炼乳或白砂糖调味。

奶香玉米汁

玉米粒 240 克 + 小米 20 克 + 牛奶 400 毫升 + 水 400 克

杂粮粥

　　粥的做法很简单，只要把所有食材放入锅中，并加足量水，文火慢慢熬煮，煮至黏稠即可。若是用明火熬煮，建议食材和水的比例为1：10，这样煮出的粥比较黏稠。若是用电饭锅，则比例应调整为1：8，因为用电饭锅的话，在煮粥的过程中水几乎不会减少。

　　我推荐用电饭锅的预约功能。一是省事，只需睡前定好时间，醒来就能喝到香甜绵软的热粥；二是花生和豆类等经过一夜的浸泡，吃起来会更软。

紫薯大米粥

紫薯90克＋大米35克＋糯米15克＋黑米15克＋红米15克＋糙米15克＋水700克

红薯小米粥

红薯300克＋小米50克＋玉米糁20克＋燕麦片15克＋水700克

花生红枣小米粥

花生40克＋红枣30克＋小米40克＋细玉米糁30克＋燕麦15克＋水700克

苹果山药小米粥

小米60克＋山药100克＋苹果100克＋玉米糁40克＋水700克

南瓜双米粥

南瓜140克＋大米30克＋小米30克＋水700克

枸杞三米粥

大米25克＋小米25克＋糯米25克＋枸杞子10克＋水700克

山药玉米粥

铁棍山药 60 克＋粗玉米糁 30 克＋大米 20 克＋糯米 20 克＋水 700 克

紫薯山药燕麦粥

紫薯 80 克＋山药 80 克＋燕麦 40 克＋红豆 20 克＋薏米 20 克＋糯米 20 克＋水 700 克

藜麦杂粮粥

三色藜麦 10 克＋黑米 15 克＋大米 30 克＋燕麦 10 克＋水 700 克

三黑粥

黑米 35 克＋黑豆 35 克＋黑芝麻 18 克＋大米 35 克＋水 700 克

杂粮八宝粥

大米 15 克＋花生 15 克＋红豆 15 克＋黑米 10 克＋糯米 10 克＋小米 10 克＋红枣 4 个＋玉米糁 10 克＋水 650 克

红豆栗子粥

红豆 40 克＋板栗仁 40 克＋大米 40 克＋糙米 20 克＋水 700 克

绿豆百合银耳羹

绿豆 80 克＋银耳 15 克＋百合干 15 克＋冰糖 25 克＋水 700 克

＊银耳用凉水浸泡 10 分钟，泡软后洗净撕成小块。

红枣紫薯银耳羹

红枣 30 克＋紫薯 110 克＋银耳 8 克＋桂圆 15 克＋莲子 15 克＋水 700 克

绿豆莲子汤

绿豆 110 克＋莲子 20 克＋冰糖 18 克＋水 700 克

老火粥也能简单做

　　广式老火粥与前文介绍的那些杂粮粥不同。老火粥一般都是以白粥为基底，再添加味道浓重且耐煮的食材。老火粥的最大特点是米完全煮烂了，且辅材的味道完全融入粥中，味道层次丰富，令人回味无穷。

　　依照传统做法，老火粥非常费工费时。每天忙于生活杂事的妈妈们（尤其是职场妈妈）很难有时间为孩子熬煮老火粥。

　　现在，只要充分利用电饭锅的预约功能，并稍用心设计，即使再忙碌，你都能为孩子熬煮一碗香气四溢的老火粥。

生滚牛肉粥

海鲜粥

香菇滑鸡粥

美龄粥

皮蛋瘦肉粥

生滚牛肉粥

　　需要前一晚冷藏腌制牛肉，大米粥也要前一晚用电饭锅预约煮粥。早晨只需要将牛肉放入锅里搅一搅就可以吃了。

用料

大米 . . . . 80 克
水 . . . . 680 克
牛里脊肉片 . . . . 100 克
鸡蛋 . . . . 2 个
香芹丁 . . . . 20 克
盐 . . . . 2 克
白胡椒粉 . . . . . . 0.5 克
小苏打 . . . . 1 克
白砂糖 . . . . 1 克
生抽 . . . . 6 克
老抽 . . . . 3 克
料酒 . . . . 6 克
油 . . . . 3 克
玉米淀粉 . . . . 1 克

牛肉加小苏打、白砂糖、老抽、生抽、料酒、油和玉米淀粉，腌制一晚。

大米放入电饭锅，加水，启动预约煮粥功能，煮好白粥。次日早晨再次启动煮粥程序，将腌好的牛肉一片一片放入粥中。

用勺子轻轻搅拌锅中的粥，搅拌约2分钟后打入鸡蛋，盖上锅盖，焖煮约10分钟。

加白胡椒粉、盐调味，撒入香芹，搅匀即可。

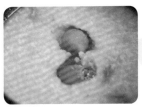

小贴士

1. 大米要煮到看不见完整米粒的状态才好吃，关键就是早晨用勺子搅拌2分钟，此时勺子使得本就煮软了的大米在搅拌的过程中相互碰撞，逐渐达到"煮化了"的状态。

2. 腌牛肉的汤汁不要倒入锅里，只需把牛肉片放入锅里。

海鲜粥

这是一款高营养的粥，口感咸鲜。孩子食欲不佳的时候，可以给孩子做这款粥，营养就足够了。

用料

大米 . . . . 100 克

水 . . . . 850 克

瑶柱 . . . . 10 克

鲜虾 . . . . 6 只

鱿鱼 . . . . 50 克

姜丝 . . . . 适量

油 . . . . 5 克

料酒 . . . . 5 克

葱花 . . . . 10 克

白胡椒粉 . . . . . . 少许

盐 . . . . 少许

瑶柱泡 5 分钟。大米放入电饭锅，将瑶柱用手指搓散放入锅中，加水、姜、料酒和油，启动预约煮粥程序，煮好白粥。

剪去虾须，并挑掉虾线，擦干虾表面的水，将虾放入冰箱冷藏过夜。

早晨在保温状态下用勺子轻轻搅拌煮好的粥，再次启动煮粥程序，放入虾和鱿鱼，煮约 10 分钟。

将葱放入锅中，再加盐和白胡椒粉调味。

小贴士

1. 白胡椒粉有去腥的作用，但口感辛辣，可根据个人喜好选择是否添加。

2. 瑶柱有咸味，调味时不要加太多的盐。

美龄粥

这是一款甜粥，还带有浓郁的豆浆香，软糯黏稠，非常受孩子们的欢迎。粥中加了山药，所以这款粥还有健脾养胃的功效。

用料

大米 .... 35 克
水 .... 600 克
热水 .... 150 克
（约85℃）
糯米 .... 35 克
铁棍山药 ...... 80 克
豆浆粉 .... 60 克
枸杞子 .... 适量

铁棍山药去皮后一半切丁，一半切块。

将大米、糯米、铁棍山药放入电饭锅，加入水，启动预约煮粥功能，煮好粥。

早晨在保温状态下用勺子搅拌煮好的粥，搅拌 30 秒。

将豆浆粉倒入碗中，加热水，搅匀后倒入粥中。

用勺子再次搅拌锅中的粥，搅拌 30 秒。

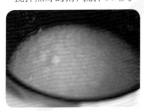

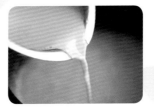

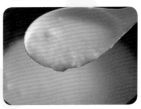

小贴士

　　这款粥很有名。依照传统做法，我们需要用水和现磨的豆浆混合在一起煮粥。但这样做，我们就无法使用预约煮粥功能了，因为现磨的豆浆在电饭锅中放一夜很容易变质，所以我将做法进行了改良：用第二天早上加入现冲豆浆的方法替代原先的做法，味道同样不错。

皮蛋瘦肉粥

这是一款很有名的粥，很多粥铺都有售。其实，在家就能轻松做出好喝的皮蛋瘦肉粥。给孩子做时，可以减少皮蛋用量。

用料

大米	70 克
水	700 克
猪里脊肉丝	100 克
皮蛋丁	50 克
香葱碎	20 克
盐	2 克
白胡椒粉	0.5 克
姜丝	5 克
玉米油	5 克

1

猪肉中加玉米油、姜、少许盐（用料用量外）拌匀，冷藏腌制一夜。

2

大米放入电饭锅，水也倒入电饭锅，启动预约煮粥功能，煮好白粥。

3

早晨重新开启煮粥功能，将腌好的猪肉连同姜一起放入粥中，快速划散。

4

将皮蛋放入锅中，用勺子轻轻搅拌约 2 分钟。猪肉变色后，加白胡椒粉、盐，撒香葱。

香菇滑鸡粥

在这款粥中，香菇和鸡肉鲜香交融，尝过一次就会念念不忘。

用料

大米 . . . . 70 克

水 . . . . 700 克

鸡腿 . . . . 1 个

干香菇 . . . . 8 朵

盐 . . . . 2 克

白胡椒粉 . . . . . . 0.5 克

生抽 . . . . 5 克

姜丝 . . . . 6 克

芹菜叶 . . . . 少许

1

鸡腿去骨后切成小块，放入姜、生抽，冷藏腌制一夜。

2

干香菇洗净后冷藏泡发一夜，第二天早上切片。

3

将大米放入电饭锅中，水也倒入电饭锅，启动预约煮粥程序，煮好白粥。

4

早晨重新开启煮粥模式，将香菇连同泡发的水一同倒入电饭锅，再把鸡腿肉连同料汁也倒入，煮约10分钟，加盐、白胡椒粉和芹菜叶。

极速魔法 5

西式简餐也能有营养

奥尔良鸡腿堡

很少有不爱吃汉堡的小孩。如果在外面的快餐店吃，小朋友难免想喝饮料、吃冰激凌。你可以在家自制汉堡给孩子吃。在家吃几次，孩子就会发现家里的汉堡更好吃。

用料

汉堡面包 ....1 个

奥尔良鸡腿 ......1 个

（见第 21 页）

生菜 ....1 片

1

汉堡面包横向切开。

2

将切好的汉堡面包切面朝下放在平底锅里，煎到切面稍变色。

3

汉堡面包上放生菜，再放上奥尔良鸡腿。

4

盖上另一半汉堡面包。

火腿鸡蛋汉堡

这个汉堡的灵感源于街头早餐摊售卖的中式汉堡。把烧饼换成了汉堡面包，味道变化还是很大的，孩子会更爱吃。

用料

汉堡面包........1个
煎蛋...........1个
火腿片..........3片
生菜...........1片
西红柿片.......1片
蒜蓉辣酱.......少许

1

将汉堡面包横向切开。

2

将切面朝下放入平底锅，煎至切面稍变色。

3

汉堡面包上刷蒜蓉辣酱，依次放上生菜、西红柿、煎蛋、火腿。

4

盖上另一半汉堡面包。

火腿热狗

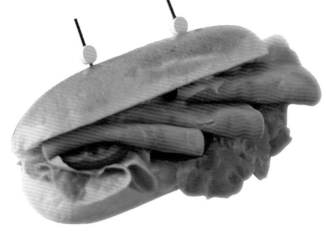

黄芥末酱口感柔和，可以当作沙拉酱使用。这款酱热量很低，还能加速身体的新陈代谢。当然，如果只是偶尔吃一次热狗，你也可以用沙拉酱代替黄芥末酱。

用料

热狗面包 ....1 个
火腿片 ....3 片
生菜 ....2 片
西红柿片 ....2 片
黄芥末酱 ....6 克

1
将热狗面包横向切开，但不要切断。

2
将生菜和西红柿依次夹入热狗面包。

3
火腿对折，放在西红柿上。

4
在火腿上挤上黄芥末酱。

芒果甜辣鸡排汉堡

香甜多汁的芒果有"热带水果之王"的美称，其中胡萝卜素、维生素A含量特别高。芒果与肉类或海鲜类食材一起搭配丝毫不违合。

用料

汉堡面包........1个
酥香炸鸡腿......1个
　　　　　　　(见第19页)
芒果片.........适量
生菜...........1片
甜辣酱.........适量

1 将汉堡面包横向切开。

2 依次放上生菜和芒果。

3 放上炸鸡腿，淋上甜辣酱。

4 盖上另一半汉堡面包。

厚蛋烧午餐肉汉堡

如果是年龄较小的孩子吃，可以把沙拉酱换成番茄酱。

用料

汉堡面包 .... 1 个

厚蛋烧 .... 适量

（见第 30 页）

午餐肉片 .... 1 片

生菜 .... 1 片

西红柿片 .... 2 片

沙拉酱 .... 适量

1

厚蛋烧切片。

2

锅烧热后倒少量油，把午餐肉放进去，煎至两面都上色。

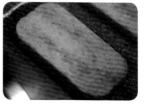

3

将汉堡面包横向切开。取一半汉堡面包，依次放上生菜、厚蛋烧、西红柿、午餐肉，挤上沙拉酱。

4

盖上另一半汉堡面包。

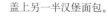

照烧鸡腿堡

这款汉堡受小朋友欢迎的原因是里面加的鸡腿非常鲜嫩多汁，加上日式照烧酱的甜香味，正好迎合了孩子的喜好。

用料

汉堡面包.........1个

生菜...........1片

照烧鸡腿.........1个

（见第17页）

1

将汉堡面包横向切开。

2

将汉堡面包切面朝下，放在平底锅里煎至稍变色。

3

取一半汉堡面包，放上生菜、照烧鸡腿。

4

盖上另一半汉堡面包。

芝士牛肉堡

芝士是一种发酵的牛奶制品，含有丰富的钙质、蛋白质等人体必需的营养素。从营养角度来说，芝士就是浓缩的牛奶。

用料

汉堡面包 ....1 个

香煎牛肉饼 ......1 个

（见第 11 页）

生菜 ....2 片

芝士片 ....1 片

沙拉酱 .... 适量

1

将汉堡面包横向切开。

2

取一半汉堡面包，放上 1 片生菜，再放上芝士片。

3

放上牛肉饼，并挤上沙拉酱。

4

再放上 1 片生菜，盖上另一半汉堡面包。

芝士猪柳麦芬汉堡

自己做的麦芬汉堡必须"满分"，这肉饼的厚度和汉堡整体的高度，只存在于各种广告画册里吧。

用料

麦芬面包 . . . . 1 个
煎蛋 . . . . 1 个
芝士片 . . . . 1 片
猪肉饼 . . . . 1 个

（见第 15 页）

1

将麦芬面包横向切开。

2

取一半面包，放上芝士片。

3

再放上猪肉饼和煎蛋。

4

盖上另外一半面包。

培根鸡蛋三明治

　　口蘑的营养价值非常高，它富含蛋白质、膳食纤维、矿物质和 B 族维生素，钙含量是肉的 28 倍，磷含量是肉的 9 倍，钾含量是肉的 10 倍，维生素 B_3 含量是肉的 8 倍，重点是它还很好吃。

用料

吐司片 . . . . 3 片
培根 . . . . 3 片
煎蛋 . . . . 1 个
口蘑片 . . . . 60 克
　　　　(去蒂后重量)
芝士片 . . . . 2 片
生菜 . . . . 1 片

1

炒锅烧热后倒少许油，放入培根和口蘑，煎熟。

2

在案板上铺保鲜膜，依次放上吐司、生菜、芝士片。

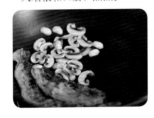

3

放上煎蛋。

4

盖上 1 片吐司，再依次放芝士片、培根。

5

放上口蘑。

6

盖上最后一片吐司。

7

用保鲜膜紧紧地把三明治包起来。

8

从中间切开。

鸡蛋沙拉三明治

春天，连做早饭都喜欢挑颜色清爽的食材。这款三明治是把鸡蛋沙拉三明治和牛油果三明治合并在一起了，颜值和味道都更出彩。

用料

吐司片 .... 3 片	
水煮蛋 .... 2 个	
牛油果 .... $1/2$ 个	
沙拉酱 .... 10 克	
现磨黑胡椒 ..... 少许	

将吐司的边切掉；牛油果去皮去核；水煮蛋压碎，加沙拉酱和现磨黑胡椒，拌匀，制成鸡蛋沙拉。

将牛油果压成泥；案板上铺保鲜膜，放上吐司，将牛油果泥均匀涂抹在吐司上。

盖上 1 片吐司，放上鸡蛋沙拉，盖上最后那片吐司。

用保鲜膜包裹三明治，吃的时候切开。

蔬菜鸡蛋三明治

只要有吐司，那么 10 分钟以内就能做出一份营养均衡、饱腹感强的三明治，有碳水化合物（吐司）、蛋白质（鸡蛋），还有膳食纤维。

用料

吐司片 . . . . 3 片
芦笋 . . . . 4 根
胡萝卜 . . . . 50 克
卷心菜 . . . . 50 克
煎蛋 . . . . 1 个
蛋黄酱 . . . . 10 克

1

卷心菜切细丝，加蛋黄酱拌匀；胡萝卜切细丝；芦笋焯水后捞出切段。

2

案板上铺保鲜膜，放上吐司，依次放上卷心菜、煎蛋。

3

盖上 1 片吐司，用手按压一下，再依次放芦笋、胡萝卜。

4

盖上最后那片吐司，用手按压，再用保鲜膜把三明治包紧，吃的时候切开。

牛肉饼芦笋三明治

牛肉饼一般都是夹在汉堡中。你吃过加牛肉饼的三明治吗？快来试试看吧，味道好极了。

用料

吐司片 ....3 片

香煎牛肉饼 ......1 个

（见第 11 页）

芦笋段 ....60 克

西红柿片 ....1 片

沙拉酱 ....15 克

芝士片 ....1 片

1

芦笋入沸水焯 2 分钟，捞出沥干。

2

案板上铺保鲜膜，放上吐司，吐司上涂上沙拉酱，再放上芦笋、西红柿。

3

盖上 1 片吐司，再依次放芝士片、牛肉饼，盖上最后那片吐司。

4

用保鲜膜紧紧包裹三明治，吃的时候切开。

香蕉花生酱三明治

这款三明治比鼎鼎大名的"猫王"三明治少用了一种用料——培根，不过精减用料后其香甜的口味明显更适合孩子吃了。没错，这又是一款不需要加热的美食。

用料

吐司片 ....3 片

香蕉 ....1 根

花生酱 ....15 克

1

将香蕉切成厚度均匀的片。

2

案板上铺保鲜膜，放上吐司，将一半花生酱均匀涂抹在吐司上，放上一半的香蕉片。

3

盖上 1 片吐司，涂抹剩余的花生酱，并放上剩余的香蕉片，盖上最后那片吐司。

4

用手按压一下，用保鲜膜把三明治包紧，吃的时候切开。

热压三色三明治

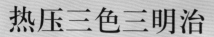

　　这款三明治的切面特别好看，容易勾起食欲。制作时在吐司上撒料要居中，以免热压的时候馅料挤到边上，导致三明治机的盖子合不上。

用料

吐司片 .... 2 片

黄瓜 .... 1 根

胡萝卜 .... 1 根

火腿 .... 1 个

芝士片 .... 1 片

番茄酱 .... 8 克

做法：

①黄瓜、胡萝卜、火腿切成粗条，每种各取 2 条备用。

②取 1 片吐司放进三明治机，刷上番茄酱，再放上芝士片。

③把黄瓜、胡萝卜、火腿居中摆放在吐司上。

④盖上另一片吐司，合上机器盖，定时 3 分钟，烙至表面上色。

热压大饼三明治

用料：原味卷饼 1 张、西葫芦丝 80 克、胡萝卜丝 20 克、鸡蛋 1 个、虾仁 30 克、盐 1 克

做法：这款三明治没有用吐司，而是使用了卷饼。内馅也有所创新，用的蔬菜蛋饼，口感更软。内馅做法：西葫芦加盐（用料分量外）抓匀，静置 5 分钟后攥干水，放入大碗，碗中放入胡萝卜、虾仁、蛋液和盐，拌匀；炒锅烧热后倒入油，拌匀的蛋液入锅，使其在锅中铺匀并用铲子整理成和热压三明治盘差不多大小，摊成蛋饼。接着，预热热压三明治机，取 1 张卷饼放入三明治盘，放上蛋饼，用卷饼将蛋饼包起来，合上机器盖，加热 3~4 分钟，烙至卷饼上色。

热压火腿玉米三明治

用料：吐司片 2 片、马苏里拉芝士碎 20 克、即食玉米粒 15 克、火腿丁 25 克、番茄酱 10 克

做法：这款热压三明治的做法没有很大变化，主要改变的是内馅。制作三明治时，先在吐司上涂抹番茄酱，再依次撒上一半马苏里拉芝士、火腿、玉米粒以及剩下的马苏里拉芝士。最后，盖上另一片吐司，用热压三明治机加热。

玉米芝士盒子三明治

卷心菜富含维生素 C、维生素 B_6 和钾，切成细丝后和平时撕成块烹饪出来的味道还真是不一样。

用料

吐司片 . . . . 1 片

鸡蛋 . . . . 2 个

即食玉米粒 . . . . . 20 克

卷心菜丝 . . . . 50 克

胡萝卜丁 . . . . 40 克

马苏里拉芝士碎 . . 25 克

盐 . . . . 1.5 克

沙拉酱 . . . . 15 克

黄油 . . . . 5 克

做法：

①卷心菜、胡萝卜与马苏里拉芝士混合，打入鸡蛋，加盐，打匀。

②锅内放入黄油，小火加热至黄油完全熔化，放入吐司。一面煎至焦黄，翻过来再煎至另一面也焦黄，全程用小火。

③锅烧热后倒少许油，将第 1 步调好的蛋液倒入锅中铺匀，一面定型后翻面，煎成蛋饼。

④蛋饼折叠后放在吐司上，撒上玉米粒。

⑤三明治对折放入盒子中，表面挤沙拉酱。

蟹柳滑蛋盒子三明治

用料： 吐司片 1 片、蟹棒 2 根、鸡蛋 2 个、生菜 1 片、西红柿片 1 片、盐 1 克、黄油 5 克、欧芹碎少许

different idea about toast

做法： 主要变化在于馅料。具体做法：将蟹棒撕成丝，与蛋液混合，加盐，搅打均匀。先将黄油放入锅中，加热至黄油熔化再倒入蛋液，用锅铲将其往中间推，加热至锅中不再有流动蛋液时立即关火并盛出。将生菜和西红柿依次放在煎过的吐司上，再放上炒蛋，撒上欧芹碎，最后将吐司对折放进吐司盒子里。

蟹柳虾仁滑蛋盒子三明治

用料： 厚切吐司片 1 片、蟹棒 2 根、虾仁 60 克、鸡蛋 2 个、牛奶 30 克、芝士片 1 片、黄油 15 克、盐少许、现磨黑胡椒少许、番茄酱 10 克、沙拉酱 15 克、生菜 1 片

hELLo

做法： 这款盒子三明治与之前的两款外观明显不同。这款用的是约 5 厘米厚的厚切吐司，制作时要在厚切吐司中间切一刀，切到约 $2/3$ 处，不要切断。馅料是夹在这个切口中的，而不是放在吐司上的。

馅料做法：虾仁入油锅，炒至变色。将蛋液打散，加撕成丝的蟹棒、牛奶、盐和现磨黑胡椒，搅打均匀后加入炒至变色的虾仁和 5 克黄油，再次拌匀。按照第 47 页的方法制成美式炒蛋。馅料制好后，先利用剩余的黄油将吐司煎一下，再将番茄酱涂抹在吐司的切口内。接着，依次夹入生菜、芝士片、炒蛋。做好的三明治装进三明治盒子，挤上沙拉酱即可。

牛油果奶酪开放三明治

如此精致的开放三明治竟然都不需要加热烹饪便能完成，比普通三明治更加简单。

用料

欧包 .... 适量

奶酪 ....2 个

牛油果 ....$^1\!/_2$ 个

圣女果 ....2 个

做法：

①将欧包切片，牛油果去皮去核压成泥，圣女果切片，奶酪切小粒。

②在欧包片上涂抹上牛油果泥，放上圣女果片，撒上奶酪粒。

四色水果开放三明治

用料：吐司片 1 片、草莓 1 个、蓝莓 16 个、猕猴桃 1 个、砂糖橘 1 个、奶酪 2 个、巧克力酱 10 克、糖粉适量

做法：放上水果之前，一定要先给吐司抹上一层酱，这样既能让味道更有层次，还有助于固定水果，不会出现轻轻一碰水果就掉落的情况。

吐司平均切成 4 份，其中两份吐司上涂抹巧克力酱，再分别放上切薄片的草莓和去皮切片的猕猴桃。另外两份吐司上放上奶酪并抹匀，再放上蓝莓和去皮切片的砂糖橘。表面均筛糖粉。

酸奶双拼开放式三明治

用料：吐司片 1 片、酸奶 100 克、即食玉米粒 30 克、无花果 1 个、果粒燕麦片少许

做法：这款开放式三明治选用了酸奶代替沙拉酱，酸奶脂肪含量低，更健康。酸奶要选用比较浓稠的，最好是用酸奶过滤器将酸奶过滤一夜（在冷藏条件下）。过滤后的酸奶口感很像奶酪。

做法很简单：吐司从中间一分为二，表面涂抹酸奶，其中一份吐司上放上切片的无花果，并撒上少许果粒燕麦片；另一份吐司上撒上玉米粒。

鸡蛋肉松口袋三明治

制作这类有厚度、有颜值的三明治，食材一定要码放整齐，切的时候用切面包专用的锯齿刀更容易切出漂亮的切面。

用料

厚切吐司片 ......1 片
（厚度约 4 厘米）

水煮蛋 ....1 个

沙拉酱 ....6 克

肉松 ....5 克

现磨黑胡椒 .....少许

新鲜薄荷叶 .....少许

1

将蛋黄压碎、蛋白切碎。蛋黄与蛋白混合，加沙拉酱、现磨黑胡椒，拌匀，做成鸡蛋沙拉。

2

将厚切吐司切去约 $\frac{1}{3}$。

3

将吐司立起来，用刀在中间划一个开口，切得深一些，但不要切透。

4

把鸡蛋沙拉装入切口，表面放上肉松，再放上薄荷叶装饰。

照烧肥牛口袋三明治

肥牛片先焯水可以去掉肉里的血水，血水是肉有腥味的重要因素，焯水时肥牛片一变色就立即捞出，煮久了肉就老了。

用料

厚切吐司片......1 片
　　　　　　（厚约6厘米）
肥牛片........80 克
洋葱丝........30 克
照烧酱........15 克
熟白芝麻......少许

1

将厚切吐司切去一部分，用刀在剩余那部分吐司上掏出一个方形的洞。

2

将肥牛片放入沸水中，焯至变色立即捞出。

3

炒锅烧热后倒油，下洋葱，炒至洋葱透明后下肥牛片，炒匀。倒入照烧酱，炒匀立即关火。

4

将炒好的洋葱肥牛装进吐司上的洞中，表面撒白芝麻装饰。

水果吐司盒

　　它也叫蜂蜜厚多士。抹了蜂蜜黄油后烤好的吐司表皮非常酥脆，而里面是温软的，非常好吃。它可以搭配水果和冰激凌，各种香气集合在一起，最能得到孩子们的青睐。我是用希腊酸奶替代冰激凌，更适合孩子早上食用。

用料

吐司 .... ¹/₂ 条

黄油 .... 40 克

蜂蜜 .... 20 克

草莓 .... 60 克

蓝莓 .... 50 克

希腊酸奶 ..... 100 克

装饰饼干 .... 2 块

阿华田酷脆 ..... 10 克

新鲜薄荷叶 ..... 适量

1

在吐司的中间挖一个正方形的洞，挖出的吐司切成小块。

2

黄油隔热水熔化后与蜂蜜混合，将调好的蜂蜜黄油均匀涂抹在吐司内壁上。

3

挖出来的小块吐司表面也刷上蜂蜜黄油。

4

将吐司盒和吐司块都放入预热好的烤箱，180℃，上下火，中下层，烤约10分钟，小块吐司中途需要翻面。

5

将挖出来的小块吐司放入吐司盒，摆放整齐。

6

将蓝莓、对半切开的草莓摆放在吐司上。

7

放上装饰饼干，用冰激凌勺挖1勺希腊酸奶放上去。

8

撒上阿华田酷脆，放上薄荷叶装饰。

法式吐司

吐司特别容易老化，吃不完的吐司可以先放进蛋奶液中充分浸泡，再拿平底锅煎一煎。这样煎出的吐司外表酥脆而里面却有着布丁般的口感，非常惊艳。

用料

厚切吐司片 ......1 片
（厚度约 5 厘米）

牛奶 ....160 克

细砂糖 ....15 克

鸡蛋 ....2 个

黄油 ....10 克

草莓 ....适量

蓝莓 ....适量

香蕉 ....适量

椰子粉 ....适量

1

将蛋液、牛奶、细砂糖混合拌匀，将吐司放入制好的蛋奶液中，5 分钟后翻面，盖上保鲜膜，冷藏一夜。

2

锅中放入黄油，小火加热，黄油即将全部熔化时将浸泡一夜的吐司放入锅中。

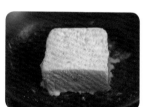

3

小火将吐司的一面煎至金黄后翻面，煎其他面，就这样依次将 6 个面全部煎至金黄。

4

吐司表面放上蓝莓、切好的草莓和切片的香蕉装饰，筛少许椰子粉。

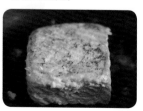

花式吐司杯

用食材本身当容器，搭配上色彩丰富的蔬菜，既营养又健康。需要注意的是用来做吐司杯的吐司最好是刚烤好的吐司，变硬、变干的吐司很容易折断，不易塑形。

用料

吐司片 .... 3 片
蟹棒 .... 1 根
虾仁 .... 40 克
毛豆 .... 15 克
玉米粒 .... 15 克
番茄酱 .... 10 克
马苏里拉芝士碎 ..15 克
欧芹碎 .... 少许

1

将吐司切去四边，再从每个边的中点处向内切，中间不要切断。

2

用擀面杖把吐司擀平、擀薄，把擀好的吐司片放入蛋糕纸杯里。

3

先在吐司上刷上番茄酱，再撒上马苏里拉芝士。

4

把蟹棒撕成丝，与虾仁、毛豆、玉米粒混合后也放入纸杯。

5

将纸杯放入预热好的烤箱，180℃，上下火，中间层，烤约 15 分钟。取出后撒少许欧芹碎。

水果西多士

西多士是港式茶餐厅中必不可少的小吃之一，平常的食材只需经过简单的处理，味道就好极了！

用料

吐司片 .... 2 片
鸡蛋 .... 1 个
草莓酱 .... 10 克
草莓 .... 2 个
椰子粉 .... 少许

1

将吐司切掉四边，再将每片吐司切成四等份。

2

其中四份吐司表面涂抹草莓酱，再将未涂抹草莓酱的吐司分别盖在上面。

3

蛋液打散，让吐司都沾裹上蛋液，放入加了少许油的平底锅，煎至6个面都呈金黄色。

4

草莓对半切开，分别摆放在煎好的吐司上，再筛上少许椰子粉。

吐司布丁

有关吐司的食谱经常要求我们要切掉吐司的边角，那么切掉的边角怎么处理呢？用边角做这道吐司布丁再合适不过了。

用料

吐司 . . . . 1 片

淡奶油 . . . . 30 克

鸡蛋 . . . . 1 个

牛奶 . . . . 50 克

香蕉 . . . . 50 克

葡萄干 . . . . 10 克

蔓越莓干 . . . . 5 克

椰子粉 . . . . 少许

1

将吐司切成小块，放入烤碗。香蕉切成厚片，也放入烤碗。

2

淡奶油、牛奶和蛋液混合后搅打均匀，淋在吐司上，再撒上葡萄干和蔓越莓干。

3

烤碗放入预热好的烤箱，180℃，上下火，中上层，烤约12分钟。

4

吐司块表面上色即可出炉，表面筛一层椰子粉。

芝士吐司卷

简单易做的吐司卷太适合当早餐了。

用料

吐司片 ....2 片
芝士片 ....2 片
火腿肠 ....1 根
鸡蛋 ....1 个

1

吐司切去四边。

2

用擀面杖将吐司片擀薄，火腿肠一分为二。每片吐司片上放上 1 片芝士片、半根火腿肠。

3

将吐司片卷起来，蘸上蛋液。

4

锅烧热后倒少许油，转小火，吐司卷放入锅中，接口那一面朝下。

5

煎至一面金黄，再翻面继续煎，表面蛋液都熟了即可出锅。

小贴士

1. 煎的时候火一定要小，否则很容易煎煳。

2. 吐司卷入锅后先要接口处朝下放置，这样有助于定型，使吐司卷不易散开。

吐司比萨

早上烤比萨通常时间太紧张，如果用吐司代替比萨饼，立即变得快捷许多。

用料

吐司片 ....2 片

番茄酱 ....30 克

培根丁 ....1 片

芦笋段 ....20 克

胡萝卜丁 ......15 克

玉米粒 ....15 克

马苏里拉芝士碎 ..60 克

1

芦笋、培根、胡萝卜和玉米粒混合。

2

吐司表面涂抹番茄酱，撒上部分马苏里拉芝士。

3

将第1步混合好的原料也撒上去，再撒上剩下的马苏里拉芝士。

4

吐司放入预热好的烤箱，190℃，上下火，中上层，烤约10分钟。

营养早餐餐单（一）

周日	周一	周二	周三	周四	周五	周六
			1 西蓝花火腿煎蛋饼 P28 香浓豆浆 P120 时令水果拼盘	**2** 煎蛋饼 P26 芦笋炒虾仁 P23 花生牛奶露 P121	**3** 杂蔬芝士烘蛋 P42 杂粮八宝粥 P123 时令水果拼盘	**4** 煎蔬菜菜汤 P45 小龙虾拌面 P96
5 脆皮鸡盖饭 P78 花生牛奶露 P121	**6** 香菇滑鸡粥 P133 速冻厚蛋烧 P31	**7** 黑椒牛柳炒面 P100 香浓豆浆 P120	**8** 蔬菜虾仁鸡蛋肠 P44 红豆莲子粥 P121	**9** 照烧鸡腿堡 P141 奇亚籽燕麦水果沙拉 P61 奶香玉米汁 P121	**10** 芝士牛肉堡 P142 韩式南瓜羹 P121 燕麦杂蔬沙拉 P58	**11** 肉末蒸蛋羹 P38 金枪鱼西蓝花饭团 P81 奇亚籽燕麦水果沙拉 P61
12 欧姆蛋 P48 山药米糊 P121 肥牛芦笋卷 P4	**13** 豌豆肉饼汤 P14 巷心菜鸡蛋饼 P28	**14** 秋葵厚蛋烧 P31 日式鱼仔乌冬面 P110 南瓜燕麦米糊 P121	**15** 香煎羊排佐杂蔬 P12 红豆莲子粥 P121	**16** 海鲜意大利面 P114 黑芝麻杏仁糊 P121 时令水果拼盘	**17** 藜麦鸡蛋饭 P85 绿豆豆浆 P120	**18** 香煎牛仔骨 P8 吐司比萨 P166 紫薯山药燕麦粥 P123
19 奶油口蘑意大利面 P112 红薯紫薯银耳羹 P123	**20** 牛油果奶酪开放三明治 P54 三色藜麦鸡肉沙拉 P56 毛豆豆浆 P120	**21** 鲜虾薯卷意大利面 P116 绿豆豆浆 P120 时令水果拼盘	**22** 虾仁秋葵炒米粉 P104 燕麦花生豆浆 P120 时令水果拼盘	**23** 牛肉蒲芦蒡第三明治 P148 奶香玉米汁 P121 时令水果拼盘	**24** 肉松咸蛋菜饭团 P88 花生牛奶露 P121 奇亚籽燕麦水果沙拉 P61	**25** 鸡蛋牛油果主食沙拉 P60 香煎鳕鱼 P22 红枣燕麦紫米粥 P121
26 花生牛奶露 P121 咸蛋黄炒饭 P71 时令水果拼盘	**27** 芝士猪肉麦芬豆堡 P143 黑芝麻杏仁糊 P121 奇亚籽燕麦水果沙拉 P61	**28** 香蕉花生酱三明治 P149 奶香玉米汁 P121 时令水果拼盘	**29** 藜麦鸡蛋饭 P85 奶香玉米汁 P121 时令水果拼盘	**30** 鲜虾云吞面 P111 芝士海苔饭团 P84 时令水果拼盘		

营养早餐餐单（二）

周日	周一	周二	周三	周四	周五	周六
					1 水果面包土 P162 花生牛奶露 P121 芦笋炒虾仁 P23	2 酱油鸡丁蛋炒饭 P70 绿豆豆浆 P120
3 生滚牛肉粥 P126 双色煎蛋饼 P28	4 鳗鱼饭团 P86 鸡蛋牛油果粒主食沙拉 P60 奶香玉米汁 P121	5 蟹柳滑蛋便当三明治 P153 绿豆莲子汤 P123	6 爽口凉拌面 P94 绿豆豆浆 P120 时令水果拼盘	7 鸡蛋吐蔬杯 P43 红枣紫薯银耳羹 P123	8 五彩时蔬干酪卷 P62 美龄粥 P130	9 虾仁秋葵炒米粉 P104 红豆莲子糊 P121
10 燕麦杂蔬沙拉 P58 红豆莲子粥 P123	11 南瓜肉粒沙拉 P59 紫薯大米粥 P120	12 芦笋番茄烘蛋 P42 南瓜双米粥 P122	13 芝士吐司卷 P164 南瓜燕麦米糊 P121 时令水果拼盘	14 紫米肉松饭团 P81 香浓豆浆 P120 时令水果拼盘	15 菌菇鸡汤面 P108 玉米火腿沙拉 P57	16 鸡肉丁意面 P55 绿豆豆浆 P120
17 彩色饭团 P81 绿豆百合银耳羹 P123	18 鲜虾青酱意大利面 P116 山药米粥 P121	19 三色藜麦炒饭 P34 奶香玉米粥 P121	20 卷心菜鸡蛋饼 P28 海鲜粥 P128	21 玉米猪肉松饭团 P152 燕麦花生豆浆 P120	22 甜甜圈饭团 P90 黑芝麻杏仁糊 P120	23 花蛤蒸蛋 P38 皮蛋瘦肉粥 P132
24 香蕉花生面包三明治 P149 三黑粥 P123	25 美式炒蛋 P46 燕麦杂蔬沙拉 P58 紫薯大米粥 P122	26 紫米肉粒饭团 P81 南瓜燕麦米糊 P121	27 芒果甜辣鸡排汉堡 P139 山药米糊 P121	28 绿豆莲子汤 P123 米饭肉松蛋卷 P34	29 法式吐司 P160 花生牛奶露 P121	30 四色水果开放三明治 P155 南瓜燕麦米糊 P121 水蒸蛋